화학에서 인생을 배우다

화학에서
인생을 배우다

평생을 화학과 함께 해온 한 학자가
화학 속에서 깨달은 인생의 지혜

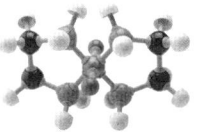

• 황영애 지음 •

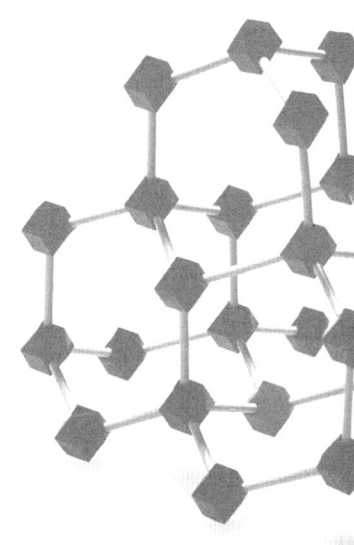

더숲

| 글을 시작하며 |

화학은
아름답다

　나는 45년 동안 화학을 공부했다. 반평생을 훨씬 넘게 화학과 함께 해온 것이다. 하지만 내 화학인생은 그리 대단하게 시작하지 않았다. 여느 여학생들이 그러하듯, 고등학교 시절 총각 선생님을 좋아하면서부터 화학을 시작했고, 때마침 과학 한국의 기치를 올리던 나라의 뒷받침에 힘입어 대학교도 화학과를 선택했으며 미국 유학까지 결정하게 되었다. 천성이 수줍음이 많고 또 자신감도 부족했던 나는 어릴 때는 마음에 드는 사람이 있어도 내 쪽에서 먼저 선뜻 다가가지 못했다. 그저 주위를 맴돌 뿐, 상대가 먼저 말을 걸어주기를 간절히 기다렸다.
　하지만 화학만은 달랐다. 원대한 포부를 가지고 화학을 시작한 것은 아니었지만, 화학을 공부하면서 점차 나는 과학으로서 화학을 바라보기보다는 인생의 깨달음을 발견하는 또 하나의 세계로 바라보게 되었다. 그것이 내가 화학에게 말을 건 시작이었다.
　화학은 정확했다. 그리고 공명정대했다. 하나가 모자라면 상대방에게 내 것을 내어주었고, 어떤 욕망 따위에도 휩쓸리지 않는 꿋꿋함을 갖고 있었으며, 어느 것 하나 무의미하게 존재하는 것은 없었다. 그것은 바로 화학공부를 통해 발견한, 우리 모두가 가져야 할 삶의 모습이었다.

나는 강의실에서 학생들에게 화학이 내게 해준 이야기들을 들려준다. 그러면 그들도 차츰 화학을 더 이상 두려운 학문으로서가 아니라 가까운 친구처럼 대하는 법을 배우며 눈을 반짝인다. 제자들은 강의실에서 꿈을 만들고 키우고 넓은 세상으로 나가 그 꿈을 이루어가고 있다.

언젠가 이런 나의 이야기를 고등학교 친구들이 만든 인터넷 카페에 올렸더니 그 어렵기만 한 화학을 문외한들도 재미있게 이해할 수도 있구나 하면서 호응하는 댓글이 줄줄이 달렸다. 그간 책을 여러 권 써서 베스트셀러의 대열에 들어간 한 친구에게서 책을 써보라는 권유를 받기도 했다. 또 한번은 나이 지긋한 어른 선배부터 젊은 후배들까지 참여하는 카페에 이러한 글을 올렸더니 특히 어르신들이 너무도 좋아하면서 화학을 인생에 접목시킨 글 좀 더 많이 써달라고 하였다. 그러던 중 2009년 한 일간지에 실린 나의 칼럼 '화학의 아름다운 가르침'이란 글을 보고, 새로이 출판사를 설립하여 좋은 책을 만들고자 하는 열정이 내게도 그대로 전해지는 더숲출판사 대표가 찾아왔다. 그때도 역시 나는 머뭇거렸고, 그런 내게 몇 번이고 되풀이해서 이 일을 꼭 해야 한다며 책임감까지 떠안겨 주었다.

이제 나는 그 책임감을 마무리하려고 한다. 나보다 더욱 두려워하며 기피하고 있는 다른 사람들에게도 화학이 얼마나 아름다운 학문인지 알려주고, 함께 즐기고 싶은 마음을 전하고 싶다. 나의 경험으로는 그 학문이 현재 인기가 있으면 시작하기는 늦다고 본다. 현재는 비인기 분야지만, 앞으로 우리나라의 경쟁력은 과학이며 30, 40여 년 전처럼 반드시 다시 이공계 학문이 꽃을 피우리라는 건 당연하다. 바로 지금 이공계를 전공하는 청소년들이 큰 나무로 자랐을 때쯤에는 많은 사람들에게 그늘을 드리울 큰 나무 역할을 하게 된다는 말이다.

그러므로 이 책은 그 어렵다는 과학에 청소년들이 선뜻 다가가는 데 도움이 될 수 있을 만큼 쉽고 재미있을 것이다. 또한 고초를 겪으며 살아온 어른들도 화학이 우리의 삶에 주는 가르침에 함께 고개를 끄덕이게 되리라 생각하며 화학 이야기를 매개로 젊은이들과 소통을 할 수 있으면 좋겠다. 인문학뿐 아니라 딱딱한 과학까지 어느 학문이건 인간의 필요와 욕구에 의해서 만들어진 것이기에, 열심히 그 학문과 대화하다보면 깨달음과 위로를 받을 수 있다.

여러 가지 이유로 자신이 택한 전공이 적성에 맞지 않고 또 전환의 기회마저 지나갔다고 생각하는 사람들에게도 나의 경험이 도움이 되었으면 좋겠다. 화학이 좀 더 친근할 수 있도록 이 글을 쓰는 데 도와준 나의 대학원생 김현정 양에게 고마움을 전한다.

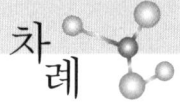

| 글을 시작하며 | 화학은 아름답다 005

원자의 구조 Atom 010
중성자만큼만 살 수 있다면 얼마나 성공한 인생인가

비활성 기체 Noble Gas 024
어떤 욕망에도 흔들리지 않고 아무에게도 기대지 않는 홀로서기

플라즈마 Plasma 038
살신성인의 삶을 실천하며 살다

동소체 Allotrope 052
우리가 가져야 할 얼굴은 하나의 얼굴이어야 한다

오존 Ozone 064
잘못 생각했거나 널리 보지 못하여 실수하는지
한 번쯤은 다시 생각해야 한다

화학결합 Chemical Bond 078
서로 이해하며 함께 손잡는 공유결합 같은 인간관계를 지향하며

용액 Solution 090
우리 모두는 다르다. 있는 그대로 상대를 인정하라

혼성 오비탈 Hybrid Orbital 102
희생하는 사람은 늘 행복하고 욕심을 채우는 사람은 늘 허기지다

전자쌍 반발 이론 Electron Pair Repulsion Theory 114
분자의 세계에서 서열의 권위가 어떤지 가히 경외할 만한 수준이다

전이금속 착화합물 Transitien Metal Complexes 126
"당신의 인생을 망친 건 내가 아니라 나약한 당신이에요"

굳은 산 · 무른 산 Acid 138
세상사란 서로 싸우면서도 화해하고 도와가며 함께 걸어가는 길

양쪽성물질 Amphoteric Substance 148
사람의 이중인격은 물질과는 달리 좋은 결과를 맺지 못한다

헤모글로빈의 산소 운반 Hemoglobin 158
어찌 그렇게 모두 다 내 것인 양 움켜쥐려고만 하는가

π-역결합 π-back Bonding 172
겉모습 속에 숨겨진 고뇌와 노력을 보려고 애쓰자

르샤틀리에 원리 Le Chatelier's Principle 184
새롭게 거듭나는 평형에 이르는 길

촉매 Catalyst 196
자신의 상처를 극복하고 다른 사람의 아픔을 치유하는 삶이 되길

에너지보존의 법칙 Law of Energy Conservation 206
잃는 것이 있으면 반드시 얻는 것이 있게 마련이다

헤스의 법칙 Hess' Law 216
사는 일이 힘에 부치면 낯선 길을 떠나보자

엔트로피 Entropy 228
신뢰와 협동이야말로 사회에 에너지를 주고 질서를 가져와
엔트로피를 감소시킨다

참고문헌 240
찾아보기 250

Atom _ 어떠한 물질을 계속해서 나누었을 때,
　　　　더 이상 쪼개지지 않는 가장 기본적인 물질의 단위

나는 특별한 재능이 없다. 단지 열정적으로 호기심이 많을 뿐이다. 하나의 목적에 자신의 온 힘과 정신을 다해 몰두하는 사람만이 진정 탁월한 사람이다.
―알베르트 아인슈타인

원자의 구조

중성자만큼만
살 수 있다면
얼마나 성공한
인생인가

아인슈타인 이후 최고의 천재로 꼽히는 **리처드 파인만** Richard P. Feynman은 과학의 역사를 한 줄로 표현한다면 "모든 것이 원자로 되어 있다."는 것이라고 했다.[1] 우리 주위에 존재하는 모든 것은 원자로 구성되어 있다. 우리 인간을 비롯하여 모든 동물, 식물, 그리고 무생물까지 우주의 어느 것도 원자로 되어 있지 않은 것이 없다. 그리고 화학뿐만 아니라 물리학, 생물학, 지구과학 등의 학문도 원자를 떠나서는 성립하기 어렵다.

그렇다면 원자란 무엇인가. 만물의 근본은 물이라는 탈레스의 일원론 이후로 물, 불, 공기, 흙으로 이루어졌다는 설도 있었다.[2,3] 그후 그

| 리처드 파인만 파인만은 아인슈타인과 더불어 20세기 최고의 물리학자로 인정받고 있으며 형식과 권위를 거부하고 창조적이고 주체적인 사고를 유지했던 과학자로 알려져 있다.

리스의 자연철학자 데모크리토스가 어떠한 물질을 계속해서 나누었을 때, 더 이상 쪼개지지 않는다는 뜻을 가진 말로 원자Atom의 이름을 처음 사용하고 이 원자가 만물을 이루고 있다고 주장하면서 원자론이 근대 물질관의 기초로 등장하게 되었다.[4] 하지만 이 원자론은 2천 년 이상 사장되었다가 19세기 초 돌턴Dolton에 의해 부활되었다.[5, 6]

그러나 그 원자가 물질의 가장 기본 입자가 아니고 더 세분되어 양성자와 **중성자**, 그리고 **전자**로 구성되어 있다는 것이 알려지기까지 120년이 걸렸다. 그리고 다시 반세기를 더 기다려 **쿼크**가[7, 8] 발견되어 기본 입자는 결국 쿼크와 전자임이 판명되었다. 눈에 보이지 않을 뿐 아니라 보통의 현미경으로도 볼 수 없는 그 작은 녀석들이 알려지게 된 역사와 그들의 역할이 궁금하지 않은가?

1892년 톰슨Thomson은 음전하陰電荷를 띤 입자인 전자를 발견하여 원자보다 더 작은 단위가 있다는 것을 확인하였고,[9] 전자는 양전하陽電荷를 띤 양성자陽性子들과 함께 마치 빵 속에 있는 건포도처럼 흩어져 있다고 하였다.

그후 러더퍼드Ernest Rutherford는 1910년에 양전하들은 흩어져 있는 것이 아니라 중심에 밀도가 큰 **원자핵**이 있으며 전자는 넓게 퍼져 **궤도**를 그리며 공전하고 있다고 발표하였다.[10] 이를 발견한 업적은 엄청나게

중성자 원자를 구성하고 있는 입자의 한 종류로 전하를 띠지 않는다.
전자 음전하를 가지는 질량이 아주 작은 입자로 모든 물질의 구성요소다.
쿼크 물질을 구성하는 최소단위의 구성자를 소립자라고 하는데, 소립자의 복합모델에서의 기본 구성자다.
원자핵 양전하를 띠고 원자의 중심에 위치하며 원자 질량의 대부분을 차지한다.
궤도 중력장 또는 전자기장 등에서 물체가 운동하는 일정한 길이다.

원자핵을 발견한 러더퍼드

긴 시간에 걸쳐 끈기 있게 실험한 덕분에 얻어진 것이라 하니 노력 없이는 천재가 될 수 없다는 것이 확실해 보인다. 또한 그 시대의 여느 물리학자들과 마찬가지로 그 역시 "물리학을 제외한 다른 과학은 우표 수집에 불과하다."고 주장했지만, 역설적이게도 물리학이 아니라 화학 분야의 노벨상을 받았다. 두 손을 가슴 위에 얹을 때까지 큰소리치면 안 된다는 말을 생각나게 하는 사건이다.

러더퍼드의 제자인 보어Niels Henrik David Bohr는 청출어람이란 말 그대로 스승 러더퍼드의 원자 모형이 가지는 문제점을 보완하였다. 전자는 아무 데나 자유롭게 존재하는 것이 아니라 특정한 궤도에만 존재한다는 점이 그것이다.[11] 전자의 궤도는 마치 겹겹이 있는 양파껍질 같아서, 전자는 그 껍질에 해당하는 궤도에만 존재한다는 뜻이다.

한편, 1923년부터 러더퍼드와 함께 일한 채드윅James Chadwick은 중성자가 양성자와 함께 원자핵의 구성요소임을 밝혔다. 그는 이 입자가 양성자와 거의 같은 질량을 가졌지만 전하를 띠지 않는 입자들, 즉 중성자들로 구성되어 있다고 해석했다. 그제야 원자는 양성자, 중성자 그리고 전자로 구성되었다는 것이 밝혀졌다.

그러나 겔만Murray Gell-Mann과 츠바이크George Zweig에 의하여 양성자와 중성자를 만드는 더 작은 단위인 쿼크가 알려졌고 1967년에 그 존재의 증거가 발견되었다. 쿼크는 +2/3의 전하를 띠는 위 쿼크up quark와 −1/3의 전하를 가지는 아래 쿼크down quark 두 종류가 있는데, 양성자는 위 쿼크 2개와 아래 쿼크 1개로 만들어지고, 중성자는 위 쿼크 1개와 아래 쿼크 2개로 만들어진다. 그러므로 현재로는 원자를 구성하는 데 더 나눌 수 없는 기본입자는 원자핵 속의 양성자와 중성자를 만드는 쿼크와 원자핵 바깥에 있는 전자라 할 수 있다.

과학은 한 치의 오차도 허용하지 않는 매우 정확한 학문으로 알고 있음에도 이렇게 변함없이 같은 상태로 존재해온 원자를 바라보는 이론이 바뀌어왔으니,[12] 또 다른 어떤 발견으로 기본 단위가 달라질지 아직은 아무도 모른다.

내가 고등학교 다닐 때까지만 해도 원자는 채드윅이 중성자를 발견한 단계인 양성자, 중성자, 전자로 이루어졌다고 배웠고 아무런 의문 없이 그대로 받아들였다. 지금은 이공계 침체 현상으로 화학과의 위상이 많이 내려갔지만, 내가 대학교 전공을 고민할 당시에는 화학과 선풍이 대단했다. 딱히 다른 전공을 염두에 두지 않았던 데다 수학을 좋아했기에 화학을 내 인생의 동반자로 삼기로 결정하면서 원자의 개념, 즉 양성자, 전자, 중성자가 원자에서 차지하는 의미에 대하여 생각해 보기 시작했다.

어떤 원자든 이름을 가지고 있다. 수소 원자, 산소 원자 등등…. 그들

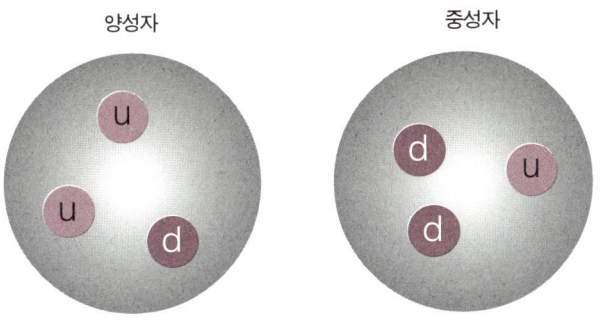

u : 위 쿼크   d : 아래 쿼크

은 각각 원자 번호로 그 정체성을 가진다. 즉 원자 번호가 1이면 수소이고, 8이면 산소다. 그런데 그 원자 번호란 바로 원자핵에 있는 양성자의 수를 나타낸다. 양성자 수에 따라 원자의 이름이 정해진다니 원자에서 양성자가 차지하는 위치가 매우 중요함을 알 수 있다.

한편, 원자핵의 바깥쪽에 있는 전자는 그 수가 양성자의 수와 같아서 이들도 그 원자의 정체를 결정할 뿐 아니라 성질까지도 결정한다. 전자들은 그 수에 따라 양파껍질 같이 겹겹의 모양을 한 전자껍질 중 가장 안쪽부터 차곡차곡 자리 잡는다. 그렇게 자리 잡고 나서 가장 바깥쪽에 남아 있는 전자 수가 바로 그 원자의 성질을 결정짓는 역할을 한다. 각 껍질에 들어갈 수 있는 전자 수는 정해져 있는데 그 수가 다 채워지면 안정해진다.

예를 들면 첫 번째 껍질에는 두 개, 두 번째 껍질에는 여덟 개, 세 번째 껍질에도 여덟 개면 다 채워진다. 그런데 다른 원자로부터 한두 개의 전자를 받아서 껍질을 완전히 채우는 원자가 있는가 하면, 반대로 한두 개의 전자를 다른 원자에게 줌으로써 완전히 채울 수 있는 원자도 있다.

원자번호 11번인 나트륨Na은 두 번째 껍질까지 채우고 남는 전자 한 개를 누군가에게 주고 17번인 염소Cl는 누군가에게서 전자 한 개를 받으면 껍질의 전자수가 다 채워져 안정해진다. 그러니 그들끼리 전자를 주고받으면 문제는 해결된다. 그렇게 만들어진 화합물이 바로 소금 NaCl이다. 이와 같이 원자들 간에 전자를 주고받아 결합이 이루어지니 원자에서 전자의 역할이 중요하다는 것은 두말할 필요가 없다.

또한 음전하를 띠는 전자는 양성자 질량의 1/1840밖에 안 되는데도, 그 작은 녀석들이 양전하를 띠는 덩치 큰 핵으로 끌려 들어가지 않는 것도 신기하지 않은가? 그 이유는 전자들이 확실하게 정의된 특정한 껍질 또는 궤도에만 존재할 수 있기 때문이다. 이 말은 그 전자가 밖으로부터 어떤 에너지를 받아 들뜬 상태가 되더라도 또 다른 특정한 궤도에서 나타나는 것이지 그 사이의 어떤 다른 공간에서도 나타나지 않기 때문에 핵으로 끌려가지 않는다는 뜻이다. 그렇게 좋은 역할을 하면서 들뜨더라도 자신의 자리만을 겸손하게 지키고 있으니 얼마나 칭찬받을 만한 존재인가.

그러면 중성자의 역할은 도대체 무엇이란 말인가.

원자핵 속에 있으면서 양성자의 무게와 비슷한 중성자는 그 수가 때로는 양성자의 수와 같을 때도 있고 다를 때도 있어서 원자의 정체성과는 무관할 뿐만 아니라 그 원자의 성질과도 더욱 거리가 멀어 보인다. 전자의 질량은 너무 미미해서 원자량은 양성자와 중성자의 질량을 합한 양이니 중성자는 원자량에나 겨우 영향을 주는 것처럼 보인다. 마치 사람으로 말하면 몸무게만 많이 나가고 아무 역할도 못하면서 밥만 축내는 격이라고나 할까. 과연 중성자는 그런 존재일까? 그때까지 쿼크의 존재는 알려지지 않았기에 대학교 다닐 때까지도 그렇게 생각했다.

원자핵에 대해 더 생각해볼 때, 양전하를 가진 양성자들끼리 함께 있으면 당연히 서로 반발해서 튕겨져나가야 한다. 그럼에도 불구하고 양성자들은 원자핵 속에 안정적으로 뭉쳐 있는데 그 이유는 무엇일까? 여기에 바로 중성자 존재의 비밀이 있다.

쿼크의 존재가 확인되면서 양성자와 중성자는 가장 기본 입자가 아니며 그보다 더 기본 입자인 쿼크들로 구성되었다는 사실이 알려졌다. 양성자와 중성자 사이에는 **반발력**이 작용하지 않아 그들은 아주 가까이 접근할 수 있고, 이때 양성자와 중성자 속에 존재하는 반대의 전하를 띠는 이 위·아래 쿼크들 사이에 강한 **핵력**核力이라는 **인력**이 작용하도록 배열이 이루어진다.

이 핵력은 같은 전하를 가진 양성자들의 반발력보다 강하기 때문에 이들이 원자핵 안에 뭉쳐 있도록 해준다. 겉으로 볼 때, 아무 역할도 못하는 것 같아 보이는 중성자가 사실은 반발하는 양성자들을 꼭 붙잡아줌으로써 원자핵을 구성하는 데 결정적인 도움을 주고 있었다니 얼마나 놀라운 일인가.

반발력 두 물체가 서로 밀어내는 힘을 말하며 인력의 반대 개념이다.
핵력 원자핵 내에 있는 양성자와 중성자와 같은 핵자와 핵자 사이의 결합력이다.
인력 두 물체가 서로 끌어당기는 힘을 말한다.

　이 놀라운 중성자의 역할을 알 때까지만 해도 나는 별로 다른 사람의 눈에 띄지 못하는 투명인간, 아니 중성자 같은 존재로 살고 있다고 생각해왔다. 사실, 지금의 나를 보는 친구들은 내가 어렸을 적부터 얼마나 이 문제로 열등감에 시달렸는가를 얘기하면 도무지 믿으려 하지 않는다.

　부산 피난 시절, 집이 학교 바로 옆에 있다는 이유로 어머니는 나이가 안 찼는데도 나를 그냥 학교에 입학시켰다. 공부를 못 따라가면 도로 집에 있게 할 양으로. 얼뜨기만 한 나를 입학시키고 도무지 마음이 놓이지 않았던 어머니는 하루도 안 빼고 학교에 오셨다. 그래서 나는 숙제가 무엇인지 알 생각도 안 했고, 남들 보기에 아무 생각 없는 아이로, 만인의 동생으로 지냈다.

　과잉보호 속에서 지내다보니 순종적이기는 하나 누구 앞에 나서는 걸 무척 두려워하는 아이가 되었다. 그래서 어딜 가든지, 어디 있든지 나의 존재는 없다시피 했다. 지금도 초등학교 시절의 동창을 마주치면, "아, 네가 영애 엄마 딸 영애구나."라고 할 만큼 친구들은 내 어머니는 알아도 정작 내가 누군지는 몰랐다.

　중고등학교 시절 자의식이 자랄 무렵 그 사실은 내게 매우 심각한 문제로 다가왔다. 선생님은 물론, 학생들도 내 존재를 잘 몰랐다. 당시 내가 다니던 고등학교가 우수 집단으로 이루어진 학교이기도 했지만, 젊음의 피가 끓고 끼로 똘똘 뭉친 친구들도 많았기에 공부를 좀 한다는 것으로는 나를 도저히 드러낼 수가 없었다. 피아노, 무용, 만담, 노래, 연극, 글쓰기, 외모까지 주위를 아무리 둘러봐도 나보다 월등한 친구들뿐이었다. 한마디로 나는 그림자, 아니 투명인간 같은 존재였다.

그런 존재로 살아가는 것이 괴로웠던 것은 남 앞에 나서는 두려움이 컸던 만큼 나를 내세우고 싶은 욕구 또한 컸기 때문이 아니었나 싶다.

그 욕구를 친구들의 도움에 힘입어 실행에 옮기기로 했다. 칭찬받을 만한 일로 나를 드러내기는 어렵다는 걸 알기에 나는 반대로 야단을 크게 맞아보기로 했다. 고등학교 1학년 때 우리 반은 굉장한 말썽꾸러기 반이었다. 하도 문제가 많아 그 해에 수학 선생님만도 서너 번 바뀌었고, 그분들은 새로 오실 적마다 우리를 교도하러 왔다고 하셨다. 그런 말썽꾸러기 반을, 빨간 노트 선생님이 가르치게 된 것이 그분에게는 매우 불운이었다. 빨간 노트는 늘 빨간 노트를 지니고 다니셨던 탓에 그것 없이는 아무 것도 가르칠 수 없다고 하여 우리 악동들이 붙여 드린 별명이다.

우리는 매시간 한 사람이 대표로 질문을 하여, 선생님께서 쩔쩔 매는 모습을 보게 되면 일제히 웅성거렸다. 그렇게 웅성거리고 나면, 화난 선생님의 눈에 띄는 대로 한 명이 대표로 불려나가 교무실의 모든 선생님들이 보는 앞에서 야단을 맞고 오곤 했다.

그날은 몇 명의 친구들에게 바로 그 일을 내가 해보겠다고 자청했다. 그렇게라도 해서 나의 존재를 드러내보겠다는 생각이었다. 그리고 선생님의 화를 극대화하기 위하여 질문만 할 것이 아니라 한 가지를 더 하자고 하였다. 뒷자리에 앉은 친구는 혀를 찰 때 딱! 하고 교실이 울릴 정도의 큰 소리를 내는 특이한 재주를 가지고 있었다. 한 친구가 질문을 해서 웅성거리게 될 때 그 친구가 혀를 차기로 했고, 누가 했느냐고 화가 나서 물으시면 내가 했다고 하기로 정하고 거사의 시간을 기다렸다. 드디어 빨간 노트 선생님이 들어오셨을 때, 옆의 친구가 짐짓 심각하게 질문을 했다.

"선생님, 폴리비우스와 폴리비오스는 같은 사람입니까? 다른 사람입니까?" 대답을 못하고 쩔쩔 매는 사이에 평소에 하던 대로 우리는 떠들기 시작했다. 그때 뒤의 친구가 나에게, "해도 돼?" 하고 물었고, "해!" 하는 대답이 끝나기가 무섭게 그녀는 "딱!" 하고 딱총 소리를 냈다. "누구야?" 선생님의 분노에 찬 목소리에 모두 쥐죽은 듯 조용해졌다. 다시 "누구야? 손들어." 하시기에, 내가 얼굴도 못 든 채 가만히 손을 들었다. 선생님은 다시, "일어나!" 하셨고, 나는 천천히 그러나 순순히 일어났다. "아, 나도 교무실에 불려가서 선생님들 다 보시는 앞에서 야단맞겠구나. 바야흐로 내 투명인간 인생도 오늘로 끝이다!" 하고 생각하며 서 있는데 갑자기, "솔직해서 좋아, 그냥 앉아!" 하시는 것이 아닌가. '아, 이게 아닌데…'

아무리 발버둥 쳐도 난 역시 투명인간으로 남을 수밖에 없었다. 그렇게 없는 용기까지 끌어냈건만 그런 노력이 헛수고로 끝나버리다니…. 결국 나는 그냥 생긴 대로 살기로 했다. 나의 존재 이유에 대하여 별 의미를 가지지 못한 채로.

그러나 조금만 깊이 생각하면 이 세상의 어떤 것도 무의미하게 존재하는 것은 없고, 그래서 무시하거나 무시당해야 할 이유는 더욱 없다. 별로 눈에 띄는 역할을 하지 못하고 살아왔다고 의기소침해 있던 나에게 중성자에 대한 깨달음은 어떤 의미에서 위로가 되기도 하였고, 또한 나 자신을 다시 돌아보게 해주었다.

위로가 되는 이야기가 또 있다. 음악과 미술의 만남을 이야기하는 진희숙의 『모나리자, 모차르트를 만나다』라는 책에는 패러디에 관한 재미있는 글이 소개되어 있다.[13]

미국의 저명한 작곡가이자 음악해설가인 피터 쉬클리 Peter Schicklee 는 〈쉬클리믹스〉라는 라디오 프로그램을 통해 고전음악의 대중화에 크게 기여했다. 줄리아드 음대에서 작곡을 공부한 그는 매우 독특한 방식으로 요한 세바스찬 바흐의 작품을 연주해왔다. 1953년의 어느 날 원곡과는 다른 흥미로운 방식으로 녹음한 바흐의 작품을 연주하여 방송에 내보냈다. 그 작곡자를 도저히 바흐라 할 수 없어 P.D.Q. Pretty Damn Quick 바흐라는 가상의 인물을 설정하였고 그의 이야기를 그럴듯하게 만들었는데 다음과 같다.

17~18세기에 위대한 음악가라는 말과 동의어가 되었을 정도인 요한 세바스찬 바흐의 가문에서 스물한 번째 아들로 P.D.Q. 바흐가 태어났다. 아버지는 물론이요, 자신의 형제들에 비해 재능이 턱없이 떨어졌던 그는 가족들로부터 자기 집안사람이라는 인정조차도 받지 못했다. 그 결과로 가지게 되었던 심한 열등감을 이겨내는 한편, 그들의 권위에 도전하기 위하여 그는 아버지나 모차르트의 완벽한 음악을 패러디하게 되었다. 그 중 가장 유명한 것은 모차르트의 〈피가로의 결혼〉을 패러디한, 제목만 들어도 우스꽝스러운 〈피가로의 유괴〉다.

그의 이러한 음악을 들으면, 도저히 다다를 수 없는 경지의 음악을 들을 때 느끼는 열등감을 가지지 않게 될 뿐 아니라 우리도 감히 음악가가 될 수 있겠다는 안도감까지 느껴져 도리어 음악에 대한 친근감이 더 쉽게 형성된다. 실제로는 P.D.Q. 바흐의 이름을 빌린 쉬클리의 패러디 작품이지만 어려운 고전음악을 대중화한 이런 사람이야말로 중성자의 역할을 훌륭하게 해낸 사람이 아닐까.

우리 사회에 다른 사람의 눈에 띌 정도로 획기적인 일을 앞장서서 하는 사람도 물론 필요하지만, 눈에는 잘 보이지 않더라도 그 일을 해나가는 데 힘이 되어줄 다수의 사람들을 다독거리는 사람도 필요하다. 뛰어난 능력을 가지지 못했더라도 자신이 선택한 삶을 긍정적으로 받아들임으로써 감사할 수 있게 된다면 어느 하나 소중하지 않은 인생이 없다.

또한 자신이 얼마나 소중한 존재인지 알아야 다른 사람이 소중하다는 것도 깨닫게 되어 그들에게 힘이 되어줄 수 있다. 더 나아가 다른 누군가가 중성자일 수 있다는 점을 인식한다면 언제 어디서나 누구 앞에서나 더욱 겸손해지지 않을까.

이렇게 화학이 우리 삶에 주는 아름다운 가르침을 배울 기회가 있었고 이에 대한 글을 쓸 수 있으니 이 학문을 전공으로 선택했다는 것만으로도 얼마나 고맙고 다행한 인생 여정인가.

어떤 삶도 헛되고 미약한 것은 없다. 겉만 보고 내가 중성자를 닮았다고 불만스러워했지만 사실 중성자만큼만 살 수 있다면 성공한 인생이다. 저마다 잘났다며 갈라지려는 사람들 사이에서 눈에 보이지는 않지만 지긋이 그들의 손을 잡아 편안한 분위기를 만들어주는 사람으로 살고 싶다.

얼마 전 한 친구와 통화했을 때 그녀는 대화 끝에, "너와 친구인 게

참 좋다. 그런데 너 요즘 너무 튀는 것 아니니?"라고 한마디 했다. 내가 요즈음 매스컴에 글을 쓰기 시작했다고 해서 하는 말이었다. 아뿔싸, 이제 겨우 진정한 중성자의 삶을 살아보려고 마음먹었는데 튀다니!

Noble Gas

_ 화학적으로 활발하지 못하여
  화합물을 잘 만들지 못하는 기체

> 난 마음속의 자유를 얻었다. 두려워서 말 못할 것은 세상에 아무 것도 없다. 아주 좋은 느낌이다. 여러분도 이러한 마음속의 자유를 얻도록 도와주는 것은 나의 도덕적 의무다.
>
> —멘델레예프

비활성 기체

어떤 욕망에도 흔들리지 않고
아무에게도 기대지 않는
홀로서기

원소元素들 중에 어떤 것은 2개의 원자原子가 함께 모여 분자를 만들어 존재하기도 하고, 어떤 것은 홀로 존재한다. 앞의 것을 이원자분자二原子分子, 뒤의 것을 단원자분자單元子分子라 한다. 여기서 먼저 원소, 원자 그리고 분자가 어떻게 다른지 알아보자.

원소element는 화학적 방법으로 더 이상 간단하게 분리할 수 없는 순수한 물질로서, 물질의 종류를 분류하는 방법이고, 원자atom는 원소물질을 이루는 질량을 가진 입자를 말한다.[14] 원소는 질량이나 크기와는 관계가 없는 개념이다. 예를 들어 우리 손에 금반지가 있다면 금 원소가 있다는 뜻이고, 이 반지를 계속해서 화학적인 방법으로는 더 쪼갤 수 없을 때까지 쪼갠 알갱이가 금 원자다. 한편, 원자가 결합하면 분자가 되고 분자가 더 많이 모이면 우리 눈에 보이는 물질이 된다.

그러면 어떤 원자가 이원자분자로, 어떤 원자가 홀로 존재하는가를

원소 주기율표를 만든 멘델레예프

알기 위해서 주기율표와 각 원자에 어떤 순서로 전자를 채우는지 알아볼 필요가 있다.

주기율표periodic table, 週期律表는 원소를 구분하기 쉽게 배열한 표로, 러시아의 멘델레예프Dmitrii Ivanovich Mendeleev가 처음으로 **원자량**과 성질에 따라 분류했다. 멘델레예프는 능력은 있었지만 엄청나게 뛰어난 화학자는 아니어서 실험실에서의 능력보다는 이발을 1년에 한 번 정도밖에 안 했던 탓에 헝클어진 머리와 수염으로 더 유명했다고 한다.[15]

1913년 영국의 물리학자 **모즐리**Henry Gwyn-Jeffreys Moseley는 **X선**으로 원소를 연구한 결과, 원자량이 아니라 양성자 수에 따라 화학적 성질이

원자량 화학원소 원자의 평균 질량을 일정 기준에 따라 정한 비율이다.
모즐리 영국의 물리학자로 러더퍼드 밑에서 방사능을 연구하다 X선 연구로 방향을 바꾸었다. 1913년에는 각 원소의 고유 X선을 측정하여 '모즐리의 법칙'을 발견했다. 이로써 원소 분석에 획기적인 방법을 제공하여 X선 분광학의 개혁자가 되었다.
X선x-ray 빠른 전자를 물체에 충돌시킬 때 투과력이 강한 복사선(전자기파)이 방출되는데 이 복사선을 x-선이라고 한다.

달라진다는 것을 밝혀냈고 따라서 원소의 성질이 주기적으로 비슷하게 나타나는 **주기율**도 양성자수와 관계된다는 것을 발견했다.[16]

이후 그가 원소를 양성자수, 즉 원자 번호 순으로 나열함으로써, 오늘날의 주기율표가 완성되었다.

이와 같이 현대의 주기율표는 원자 번호 순서대로 배열하여, 물리·화학적 성질이 비슷한 원소들이 같은 족에 위치하게 된 원소 분류표로, 7주기週期 18족族으로 나뉜다. 전자껍질 수가 동일한 원소를 원자 번호 순서대로 나열한 가로줄을 주기라 하고, 가장 바깥껍질인 최외각에 있는 전자수가 동일한 원소를 원자 번호 순서대로 나열한 세로줄을 족이라 한다.

원소들은 크게 1, 2족과 13~18족에 속하는 **전형**典型**원소**와 3~12족까지의 **전이**轉移**원소** 두 가지로 나눌 수 있다. 그 중에서 특별히 1족은 수소를 제외하고 **알칼리금속**, 2족은 **알칼리토금속** 그리고 17족은 **할로겐**

주기율periodic law 원소를 원자번호 순으로 나열하면 그 성질이 주기적으로 변화한다는 법칙이다.
전형원소(=주족원소, typical element) 주기율표에서의 원소 분류의 하나이며 지금까지 알려진 화학 원소들 중에서 전이원소를 제외한 모든 원소를 전형원소라고 한다. 현재는 원자번호 1인 수소부터 20인 칼슘까지, 31인 갈륨부터 38인 스트론튬까지, 49인 인듐부터 56인 바륨까지, 81인 탈륨부터 88인 라듐까지의 44개 원소들이 전형원소다.
전이원소transition elements 원자의 전자배치에서 가장 바깥부분의 d구역 껍질이 불완전한 양이온을 만드는 원소다. 전이원소의 분류는 학자에 따라 약간의 차이는 있으나, 보통 원자번호 21인 스칸듐부터 30인 아연까지, 원자번호 39인 이트륨부터 48인 카드뮴까지, 원자번호 57인 란타넘부터 80인 수은까지의 원소들과 원자번호 89인 악티늄을 포함시킨다.
알칼리금속alkali metal 주기율표 1족에 속하는 원소 중, 성질이 비슷한 리튬(Li), 나트륨(Na), 칼륨(K), 루비듐(Rb), 세슘(Cs), 프랑슘(Fr) 등 6원소의 총칭이다.
알칼리 토금속alkaline earth metal 주기율표 2족에 속하는 원소 중 칼슘(Ca), 스트론튬(Sr), 바륨(Ba), 라듐(Ra) 등 4원소의 총칭으로 이밖에 베릴륨(Be), 마그네슘(Mg)을 포함하기도 한다. 1족에 속하는 알칼리금속과 3족에 속하는 토금속의 중간 성질을 나타내기 때문에 이렇게 부른다.

주기율표

족\주기	1	2	3	4	5	6	7	8	9	10	11	12	13	14	15	16	17	18
1	1 H																	2 He
2	3 Li	4 Be											5 B	6 C	7 N	8 O	9 F	10 Ne
3	11 Na	12 Mg											13 Al	14 Si	15 P	16 S	17 Cl	18 Ar
4	19 K	20 Ca	21 Sc	22 Ti	23 V	24 Cr	25 Mn	26 Fe	27 Co	28 Ni	29 Cu	30 Zn	31 Ga	32 Ge	33 As	34 Se	35 Br	36 Kr
5	37 Rb	38 Sr	39 Y	40 Zr	41 Nb	42 Mo	43 Tc	44 Ru	45 Rh	46 Pd	47 Ag	48 Cd	49 In	50 Sn	51 Sb	52 Te	53 I	54 Xe
6	55 Cs	56 Ba	57 La	72 Hf	73 Ta	74 W	75 Re	76 Os	77 Ir	78 Pt	79 Au	80 Hg	81 Tl	82 Pb	83 Bi	84 Po	85 At	86 Rn
7	87 Fr	88 Ra	89 Ac	104 Rf	105 Db	106 Sg	107 Bh	108 Hs	109 Mt	110 Ds	111 Rg	112 Cn	113 Nh	114 Fl	115 Mc	116 Lv	117 Ts	118 Og

란타넘족: 58 Ce, 59 Pr, 60 Nd, 61 Pm, 62 Sm, 63 Eu, 64 Gd, 65 Tb, 66 Dy, 67 Ho, 68 Er, 69 Tm, 70 Yb, 71 Lu

악티늄족: 90 Th, 91 Pa, 92 U, 93 Np, 94 Pu, 95 Am, 96 Cm, 97 Bk, 98 Cf, 99 Es, 100 Fm, 101 Md, 102 No, 103 Lr

*원소기호 글자색
- 상온에서 기체
- 상온에서 액체
- 상온에서 고체
- 113~118 아직 정확하지 않음

- 금속원소
- 전이원소(금속)
- 비금속
- 준금속

족 그리고 18족은 **비활성 기체**로 불린다.[17]

맨 마지막의 18족 원소들을 비활성 기체로 부르는 이유는, 최외각에 전자가 다 채워지면 안정하게 되는데 그들 원자 내의 전자가 다 채워지는 전자 배열에 기인한다.

족에 대하여 간단히 설명하면 1장 '원자의 구조'에서 나트륨과 염소 원자를 설명했던 것과 마찬가지로 1족은 최외각에 전자가 1개씩 있으며, 2족은 2개, 13족은 3개, 14족은 4개… 등이 있다. 이렇게 하여 18족에는 8개가 들어가 모두 채워진다.[18] 그러므로 1주기 원소는 2개, 그 다음에는 8개, 그리고 4주기 이후에는 2족과 13족 사이에 전이금속원소 10개가 있으므로 그들의 전자까지 다 채우려면 10개가 더 필요하다. 그렇게 18개를 모두 채우면 안정하게 되므로 활성이 없다는 뜻에서 비활성 기체로 부르는 것이다. 그러므로 비활성 기체의 원자 번호는 2번, 10번, 18번, 36번, 54번, 86번이 된다.

이제 주기율표와 원자 내의 전자 배열에 대하여 알아보았으니 다시 처음으로 돌아가자. 수소$_H$나 산소$_O$는 원자 2개가 결합하여 각각 H_2와 O_2 등의 분자를 만들어 이원자분자二原子分子인데 반하여, 헬륨$_{He}$, 네온$_{Ne}$, 아르곤$_{Ar}$, 크립톤$_{Kr}$, 제논$_{Xe}$, 라돈$_{Rn}$은 원자 혼자서 존재하는 단원자분자다. 이들 단원자분자 단체의 이름은 활성이 없다고 비활성 기체,

---

할로겐족halogen 주기율표 17족 원소로 플루오린(F)·염소(Cl)·브로민(Br)·아이오딘(I)·아스타틴(At)을 모두 일컫는다. 비금속 원소이며 전자를 얻기 쉬워 강력한 산화 작용을 나타낸다. 반응성이 매우 세며 자연 상태에서 유리 상태로는 존재하지 않으며 금속 염의 상태로 존재한다.
비활성 기체 화학적으로 활발하지 못하여 화합물을 잘 만들지 못하는 기체다. 헬륨·네온·아르곤·크립톤·제논·라돈 등이 있으며 공기 속에 미량 함유되어 있다.

영어로는 Inert Gas라 하나, 아무에게도 기대지 않고 고고하다는 뜻으로 'Noble Gas' 라고도 한다. 금속원소 같은 다른 원소들도 단원자분자로 존재하는 것들이 있지만 그들의 반응성은 크다. 이것과 대비되어 안정성을 강조하여 이름 붙여진 활성이 없다는 의미의 비활성 기체라는 이름보다, 내게는 고귀하다는 뜻의 '노블 가스' 라는 이름이 더 와 닿는다.

인간세계든 동물세계든 일반 자연계든을 막론하고, 우리가 몸담고 있는 우주 안에 있는 모든 것은 안정을 추구하는 방향으로 나아가려 한다. 우리 인간은 대부분 홀로 있기가 너무 외롭고 불안하여 친구를 만들거나, 이성의 경우에는 서로 만나서 사랑을 속삭이다가 결혼에 이르기도 한다. 마찬가지로, 두 개 또는 그 이상의 원자들은 원자 혼자 있을 때보다 에너지 면에서 더 안정적으로 되기 위하여 서로 만나 분자를 만든다.

전자가 각 껍질마다 완전히 채워졌을 때 그 원자는 안정한 상태가 된다. 그런데 혼자 있을 때는 완전히 채워지지 않은 상태의 원자라도 이들이 모여 분자를 만들게 됨으로써, 각각의 원자들이 서로 전자를 공유하여 다 채워질 수 있게 된다. 예를 들어 원자 번호 1번인 수소 원자는 첫 번째 전자껍질에 1개의 전자(H)를 가지고 있으며 이 수소 원자 2개가 만나 공유하면 그 껍질에 2개가 다 채워진 수소 분자(H:H, H_2)가 형성되어 수소 원자로 혼자 있을 때보다 더 안정해진다.

이러한 원칙은 다른 종류로 만들어진 더 복잡한 분자의 경우에도 적용된다. 물 분자(H_2O)의 예를 들어보자. 산소는 8번이므로 최외각에 6개의 전자를 가지고, 수소의 가장 바깥껍질(최외각)에는 전자 1개를 가지고 있다. 원자가 반응할 때는 최외각에 있는 전자만을 사용한다. 즉 수소는 1개, 산소는 6개를 사용한다. 그러므로 2개의 수소 원자와 1개의 산소가 만나 물 분자$_{H_2O}$가 되면 중심에 있는 산소 원자의 전자들 중에서 2개는 따로 각 수소 원자와 1개씩의 전자를 서로 공유한다. 그렇게 되면 2개의 수소는 각각 2개를 가진 셈이 되고, 산소는 8개의 전자를 가지게 되므로 각자 원자 상태로 있을 때보다 안정해진다. 즉, 중심에 있는 산소 원자의 최외각 전자 수가 6개이므로 1개를 가진 수소 2개를 더하면 8개가 되어 안정하게 된다는 뜻이다.

이와 같이 전자를 서로 주고받음으로써 최외각에 전자 8개를 채우려 하는 성질을 옥텟 규칙octet rule이라고 한다.[19] 그러므로 이 전자배치는 모든 원자들의 이상향인 셈이다.

여기까지의 설명만으로도 왜 18족 원소들이 비활성이며 홀로 존재하는지 알 수 있지 않을까 싶다. 다른 원소들은 분자를 만들고서야 이룰 수 있었던 전자배치를 비활성 기체는 남의 도움 없이 이미 스스로 이루고 있으니 다른 원자들과 반응할 필요가 없어서 안정할 수밖에 없다. 최외각의 전자들이 이미 옥텟을 이루고 있다는 말이다. 아니 더 일반적으로 말하면 옥텟보다는 각 껍질에 채울 수 있는 전자 수 8개 내지 18개를 다 채울 때 안정하게 된다고 말할 수 있다.

이렇게 이미 다 채워져 있어서 누구에게 전자를 받을 필요도, 줄 필요도 없으니 한 개의 원자만으로도 분자가 되는 것이다. 또한 다른 원자들처럼 언제라도 남들과 대응할 만반의 태세가 되어 있는 전자배열을 가지지 않고 속이 꽉 채워져 혼자서도 흔들림 없이 고고하게 서 있으니 Noble Gas란 이름 그대로 고귀한 기체, 또는 고상한 기체라고 부르는 게 당연하지 않은가.

이들 비활성 기체는 여러 가지 용도로 사용된다.[20-22] 녹는점과 끓는점이 매우 낮기 때문에 극저온 연구용 냉매로 사용된다. 그 중 헬륨은 유체流體 내에서 **용해도**가 낮고 혈액에 녹지 않으며 압력이 감소될 때 기포를 만들지 않기 때문에 잠수병을 예방할 수 있다. 따라서 잠수부들은 헬륨을 산소와 혼합하여 고압산소통에 주입하여 사용한다. 또한 헬륨은 수소보다 부력은 작지만 **불연성**不燃性이므로 비행선을 뜨게 하는 데도 사용된다. 또한 목소리 변조에 사용되기도 하는데 헬륨가스에서는 공기 중에서보다 약 3배 가량 전송 속도가 빠르기 때문에 약 10~20초 가량 목소리 톤이 높아지는 현상이 발생한다.

네온의 붉은색은 네온사인을 이용한 광고판에 자주 사용된다. 다른 비활성 기체를 첨가하여 여러 종류의 색깔을 낼 수 있다. 아르곤은 비활성을 이용하여 금속의 주조 · 제련 등의 보호기체로 사용된다. 공업적인 크립톤의 용도로는 크립톤 램프가 있다. 비활성 기체인 크립톤을 그대로 전구 속에 넣으면 필라멘트의 승화를 억제해 전구의 수명을 오래가게 하는 역할을 한다. 보통의 전구에 들어가는 아르곤보다도 크립톤이 램프의 발광효율을 높인다고 전해진다. 헬륨과는 반대로 크립톤을 들이마시면 목소리 톤이 낮아진다. 크립톤의 높은 분자량이 이동속도를 느리게 만들어 같은 에너지로 만들어낸 음파의 진동수가 더 느려지기 때문에 원래 목소리보다 저음으로 나오는 것이다

용해도 일정한 온도에서 용매 100g에 녹을 수 있는 용질의 최대량으로 용질의 그램수(g)로 나타낸다.
불연성 불에 타지 않는 성질.

제논은 값은 비싸지만 불연성이며 체내에서 쉽게 제거되므로 마취제로 쓰이고, 라돈은 방사성 요법에 사용된다. 이렇게 홀로 서 있는 것에 그치지 않고, 활성이 없어 아무 일도 못할 것 같은데도 나서야 할 곳에서는 좋은 용도로 사용되니 비활성 기체야말로 진정한 의미의 고귀한 기체다. 우리 인간도 누구의 도움 없이 홀로 있으면서 그러한 경지에 다다를 수만 있다면!

『논어』의 「위정편爲政篇」에는 공자가 자신의 일생을 돌아보며 남긴 유명한 문장들이 실려 있다. 그 중 '칠십이종심소욕七十而從心所欲 불유구不踰矩', 즉 '일흔 살에는 마음이 하고자 하는 대로 좇아도 윤리적인 규범에서 벗어나지 않는다'는 말이 있다. 그 문장이 유난히 내 마음에서 떠나지 않는 건 그리로 가고 있는 내 나이 때문일까? 어떤 욕망에도 흔들리지 않고 누구에게도 의지하지 않고 홀로 꼿꼿이 서는 이 경지야말로 누구나 바라는 이상향일 것이다.

과연 우리 같은 범인들이 근접할 수 있는 경지일까? 마흔 살에는 아직 젊은 혈기에 눈을 다른 데로 돌리기 일쑤였고, 쉰 살에는 그 동안 산전수전 다 겪었다고는 하나 아직 세상일에 미련을 두어 천명에 귀 기울이기 또한 쉽지 않았다. 더구나 지금도 나를 비난하는 소리는 듣기 싫으니, 그저 나이만 먹는다고 해서 그 같은 경지에 다다른다는 건 어림도 없는 모양이다. 인간의 욕망 자체가 끝이 없는 데다 혼자 사는 세상이 아니어서 다른 사람의 욕망과 부딪히기까지 하니 얼마만큼 나를 주장하고 어디까지 양보해야 할지도 살면서 풀어가야 할 큰 숙제다. 특히 이 시대의 영화나 텔레비전 드라마의 주제가 대부분 폭력과 불륜으로 얼룩져 있는 만큼 참을성 없이 자신의 욕망을 분출하는 것이 때로는 더 현대적으로 비쳐지기도 한다.

우리 집에 20년째 도우미로 오시는 아주머니가 있다. 지금은 70이 되셨으니 할머니라 부르는 편이 옳지만, 우리 집에서는 아직도 20년 전에 오실 때의 호칭인 아주머니로 불린다. 그분은 첫눈에도 고생을 많이 한 티가 역력했지만 인상은 온화하였고 불필요한 말을 하지 않아 품위가 느껴졌다.

당시 우리 집은 시부모님과 두 아이가 있는 대가족이어서 도우미로 오는 사람들 대부분이 식구가 많다는 이유로 몇 번만 오면 다시는 오려 하지 않았기에 그저 이번에도 계속 와주기만을 바랄 뿐이었다. 그런데도 이 아주머니는 몇 날, 몇 달이 가도 불평은커녕 마치 옛날부터 한 가족이었던 것처럼 우리와 자연스럽게 섞여갔다. 그리고 하루 종일 어찌나 열심히 일을 하는지, 제발 좀 쉬어가며 하라고 말릴 정도였다. 고마운 마음에 명절이나 큰일을 치를 때 약간의 촌지를 드리면 생각지도 않았는데 미리 챙겨주었다고 너무 고마워해서 오히려 좀 더 드릴걸 하는 마음마저 생기곤 했다.

시골 친척 집에 가서 캐왔다고 고사리며 냉이를 듬뿍 가져와 자기 것을 나누는 사람. 지하철에서 김치 냄새 풍기는 불편함도 아랑곳하지 않고 시골에서 담가 더 맛있다며 갓김치 한 박스를 꽁꽁 싸서 끌고 오는 사람. 우리 집을 수리할 때도 늦게까지 자기 집에 돌아가지 않고 내가 힘들까봐 널브러진 것들을 다 치워놓고야 가는 사람. 초등학교만 졸업했으면서도 박사에 교수인 나보다 아는 것이 훨씬 더 많은 사람. 또 나는 그런 배경을 가지고도 자식들에게 듣지 못하는데, 엄마는 모르는 게 없다는 말을 자신의 자녀들에게 듣는 사람. 그분은 그런 사람이다. 고귀한 사람이란 귀한 일을 하는 사람이기보다 미천하게 생각되는 일을 귀하게 여기며 하는 사람이란 생각이 들게 하는 그런 사람이다.

충청도 시골에서 태어난 그녀는 전쟁 때 아버지를 여의고, 초등학교를 마칠 무렵 학교 선생님이 공부 잘한다며 진학을 권유했지만 가정형편상 그녀와 학교와의 인연은 거기까지였다. 그후 집안일을 돕다가 17세 되던 해에 어머니가 개가하면서 고아가 되다시피 했고, 친척의 소개로 부산에 있는 방직회사에 들어가 일하게 되었다.

그후 중매로 남편을 만나 결혼하면서, 자신의 삶에 어이없이 펼쳐진 고생길에 접어들게 되었다. 결혼 전에 시어머니가 진 빚 갚느라, 시어머니가 잠적한 가운데 시아버지와 시동생, 시누이를 거두었고, 나중에 다시 돌아온 시어머니도 돌아가시기 전 7년간이나 대소변을 받아내며 병수발을 했다.

한편 그동안 군에서 제대하고 집에 돌아온 남편은 한 직장에서 석달을 견디지 못하며 여기저기로 전전했다. 게다가 그녀가 샀던 집을 의논 한마디 없이 팔더니 그 돈으로 시작한 사업이 망하는 바람에 그 빚에 이자까지 물어야 했고, 남편은 술까지 마시기 시작했다. 그러니 돈도 돈이지만 그녀의 마음고생이 이만저만이 아니었으리라. 결국 남편과 이혼하고 아들 하나에 딸 둘을 홀로 키우며 돈이 되는 일이면 무엇이든 했다. 주중에는 공장일, 주말이나 밤에는 대학교 잔디밭 잡초

뽑기, 뜨개질하기, 수놓기 등…. 그런 중에 아들이 일류대학교 경제학과에 입학하여 한때 기쁨을 맛보기도 했다.

그러다가 재작년에 남편이 폐암 말기 판정을 받았다. 비록 이혼한 사이였지만 살 날이 6개월 정도밖에 남지 않은 사람을 위하여 다시 그녀가 병구완에 나섰다. 처음에 남편은 자기의 병을 인정하지 못하여 난폭하게 굴었지만 묵묵히 자신의 병상을 지키는 부인에게 끝내는 참회의 눈물을 흘리고 숨을 거두었다. 그 눈물 하나로 그녀는 결혼생활 40여 년 동안 받았던 억울함과 고통의 큰 바윗덩이가 가슴에서 쑥 빠져나간 것 같았다고 했다.

이제 자식들은 다들 제 갈 길을 잘 가고 있다. 그들은 어머니가 그간 겪었던 정신적 고통과 육체적 노고를 알기에 앞으로는 좀 쉬면서 편한 삶을 누리라고 하지만 그녀는 몸이 말을 듣는 한 계속해서 일을 할 작정이라 했다.

고초를 겪으면서 그녀가 깨달은 점이 있다면 누구에게도, 그것이 자식이라도 가능한 한 기댈 생각 하지 않고 홀로서기를 해야 한다는 것이다. 누군가가 도와주기를 기대할수록 더 서운한 마음이 들었단다. 자신이 짊어진 삶의 무게로 힘든 건 누구나 다 마찬가지다. 작은 도움의 손길이라도 어디선가 내밀어주면 그저 고마워해야 할 뿐, 자신이 받아야 할 권리는 물론, 그들이 자신을 도와주어야 할 의무는 더욱 없다고 생각하니 마음이 편해졌다고 했다.

얼마 전에는 전쟁으로 돌아가신 아버지의 보상금 2천만 원을 뒤늦게 받았는데 그 중 500만 원은 어려운 친척을 도와주었다. 비록 자신은 도움을 못 받았어도 어려움을 잘 아는 사람으로서 모른 체할 수가 없었단다. 자식들도 그런 그녀를 존경하는 마음으로 보면서, 자기 일은 자기가 책임지도록 성장하였고, 부모에게 못 받았다는 생각보다는 자신들을 그렇게 길러준 어머니에게 늘 고마워한다고 했다. 그들도 홀로서기를 제대로 배운 셈이다.

그녀의 훌륭한 점은 그 홀로서기를 하면서 원망을 품은 것이 아니라, 어려운 환경에도 불구하고 양심에 따라 살면서 자신이 끊임없이 누군가에게 도움을 주고자 하였고 세상에 대해 따스한 시선을 잃지 않았다는 데 있다.

절제와 인내를 다한 후에 따사로운 마음으로, 그러면서도 당당히 살아가는 그녀야말로 어떤 욕망에도 흔들리지 않고 누구에게도 의지하지 않은 채 홀로 꼿꼿이 살아가는 사람이다. 또한 우리가 바라보며 가야 할 노블 가스를 닮은 고품격의 사람이다.

Plasma

_ 물질의 기본적인 세 가지 상태인 기체, 액체, 고체
상태와 더불어 또 하나의 상태로 여겨지며,
전기전도성을 가지는 전하를 띤 입자들의 집합체

> 세상에 실패란 없다! 사람은 저마다의 문제로 실망하거나 좌절하기도 하지만, 삶에서 정말로
> 중요한 것은 어떻게 어려움을 딛고 일어서느냐 하는 것이다. 끈기 있게 계속 나아가라.
> —토머스 에디슨

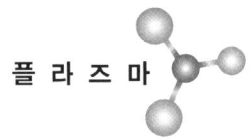

플 라 즈 마

살신성인의
삶을
실천하며 살다

일반적으로 원자는 더 이상 쪼개지지 않는 입자로 알려져왔으나 현대의 과학에서는 그렇지 않다. 기체 분자에 수천 도의 열을 가하면 분자는 원자로 **해리**dissociation되고 계속해서 4만°C 이상의 고온이나 가속된 전자의 충돌에 의한 에너지를 가하거나, **마이크로파**micro-wave를 **조사**照射하면 원자의 최외각 전자가 궤도를 이탈함으로써, 원자의 양이온과 이탈한 자유전자의 음이온이 생성된다. 이를 원자의 **이온화**ionization라 한다.[23]

해리 분자가 그 분자를 구성하고 있는 각각의 원자나 이온, 또는 보다 작은 분자들로 나누어지는 현상이다. 예를 들어, 염산 HCl은 물에 녹아 H+와 Cl-의 두 이온으로 나뉘는 것을 들 수 있고, 생물체 내에서 일어나는 헤모글로빈의 산소운반도 해리 반응의 하나다.
마이크로파 라디오파와 적외선 사이의 파장을 가진 전자기파에 클라이스트론과 마그네트론에 의해 발생되는 파장이 1mm와 10cm 사이(라디오파보다는 작고 적외선보다는 큰 파장)의 전자기 방사(電磁氣放射)다.
조사 광선이나 방사선 따위를 쬐는 것.

플 라 즈 마 39

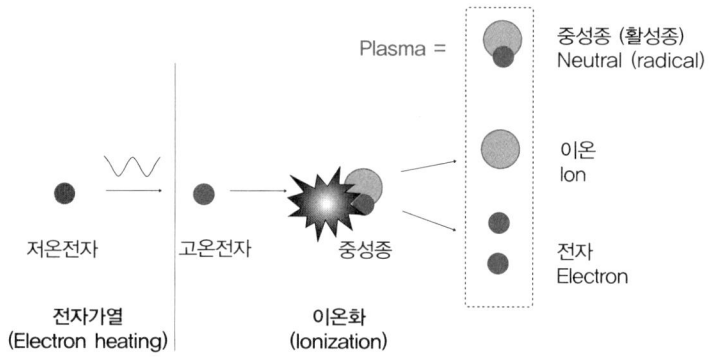

플라즈마의 발생

출처 : http://plasma.kisti.re.kr/webs/intro/plasma_is.jsp

이 자유전자가 전기장을 통하여 충분한 에너지를 공급하여 가속되면 다른 원자와 충돌하여 이온화가 일어나 또 다른 자유전자를 발생한다. 이렇게 계속해서 형성된 양이온과 음전하를 띤 전자들, 그리고 중성입자들로 이루어진 혼합물을 플라즈마라 한다.[24] 플라즈마는 전체적으로는 양이온과 전자의 수가 거의 같으므로 전기적으로 중성을 띠지만, 중성의 원자나 분자들로만 구성된 보통의 기체와는 달리 자유전자들로 인해 **도체**導體의 성질을 가진다. 다른 도체나 금속에서는 전자만 움직이지만, 플라즈마는 전자와 양이온이 모두 움직일 수 있다는 점에서 차이가 있다.

물질은 가열함에 따라 고체, 액체, 기체 상태로 변하는데, 훨씬 더 높은 온도에서 얻어지는 플라즈마는 전기적인 성격을 가지므로 단순히 중성 기체와는 달라 '제4의 물질상태'라 불린다.[24, 25] 플라즈마 입자들

도체 전기 또는 열에 대한 저항이 매우 작아 전기나 열을 잘 전달하는 물체. 은, 구리, 알루미늄 등이 있으며, 전도체라고도 한다.

은 상호작용을 하면서 독특한 빛을 방출하고, 활발한 움직임 때문에 높은 반응성을 갖게 된다. 이러한 특성을 이용해서 플라즈마 첨단기술이 산업적으로 어떻게 사용되는지 알아보는 것도 흥미로운 작업이 될 것이다. 다음 그림은 물의 네 가지 상태를 보여주고 있다.

온도에 따른 물의 네 가지 상태

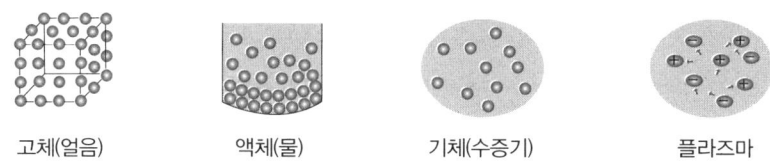

고체(얼음)　　액체(물)　　기체(수증기)　　플라즈마

지구상에는 매우 적은 양의 전기 아크, 번개, 네온사인 등의 플라즈마를 제외하고는 대부분의 물질이 고체, 액체, 기체 상태로 이루어져 있지만, 우주의 구성 물질은 99% 이상이 플라즈마 상태로 존재한다. 태양풍으로부터 나오는 **하전입자**들이 양극지방에 도달하여 일으킨 **오로라**, 지구 주위의 자력선에 붙잡혀 도넛 모양의 분포도를 그리며 지구 생명체를 보호해주는 **밴앨런대**Van Allen Belt[26], 대기 속의 **전리층**電離層 등이 이에 속하며, 행성이나 항성 내부와 주변의 기체, 그리고 별들 사이

하전입자 전하를 띠고 있는 입자로 전자, 이온, 양성자가 있다.
오로라 태양에서 방출된 대전입자(플라즈마)의 일부가 지구 자기장에 이끌려 대기로 진입하면서 공기 분자와 반응하여 빛을 내는 현상. 북반구와 남반구의 고위도 지방에서 흔히 볼 수 있다.
밴앨런대 또는 밴앨런 복사대(Van Allen radiation belt)는 태양풍에서 지구의 자기권 내부로 유입된 하전입자 중에서 일부는 양극지방에 도달해서 오로라를 일으키지만, 그 외 대부분은 지구 주위의 자기력선에 붙잡히게 된다. 그래서 하전입자들은 지구를 중심으로 도넛 모양으로 분포하는데, 이것을 밴앨런대라고 한다. 방사능대라고도 부르는데, 이에 노출되면 인체에 유해하다. 밴앨런대는 가까이는 적도 상공 약 3000km에서부터 멀리는 지구 반경의 약 10배의 공간까지 퍼져 있다.

의 공간에 존재하는 기체도 **플라즈마** 상태다.

태양과 같이 스스로 빛을 내는 별들의 중심은 1억°C 이상의 초고온 플라즈마 상태인데, 이러한 상태에서는 수소 같은 가벼운 원자핵들이 융합해 무거운 헬륨 원자핵으로 바뀌는 핵융합 반응이 일어난다.[27] 이 융합 과정에서 나타나는 질량 감소가 엄청난 양의 에너지로 방출되는데, 이를 '핵융합에너지'라고 한다. 하지만 지구는 태양처럼 핵융합반응이 일어날 수 있는 초고온·고압 상태의 환경이 아니기 때문에, 자기장이나 레이저를 이용해 태양과 같은 환경을 인공적으로 조성하는 '핵융합장치'가 필요하다.[28] 이 장치는 플라즈마가 자력선磁力線에 감기는 속성을 이용하여 자기력 그물망을 만들어 초고온의 플라즈마가 벽에 닿지 않게 가둘 수 있고, 이 때문에 핵융합장치 벽면에 직접 닿는 부분의 온도는 수천 도에 불과하게 된다. 요즈음 가장 실용화에 근접한 것이 **토카막**Tokamak이란 핵융합 장치다.[29] 그러므로 고진공高眞空 용기 안에 **중수소**와 **삼중수소**를 주입하고 플라즈마 상태로 가열한 후, 토카막의 자력선 그물망을 이용해 플라즈마를 가두면 약 1억°C 이상으로

전리층 태양 에너지에 의해 공기 분자가 이온화되어 자유 전자가 밀집된 곳을 전리층이라 한다. 전리층은 지상에서 발사한 전파를 흡수 반사하며 무선 통신에 중요한 역할을 한다.
플라즈마 물질의 기본적인 세 가지 상태인 기체, 액체, 고체 상태와 더불어 또 하나의 상태로 여겨지며, 전기전도성을 가지는 전하를 띤 입자들의 집합체로, 외부 전자기장에 집합적으로 반응한다.
토카막 플라즈마를 가두기 위해 자기장을 이용하는 도넛형 장치다. 이런 가두어진 플라즈마를 안정화시키기 위해서는 자기장뿐만 아니라 내부에 전류가 흐르게 하여야 하며 플라즈마가 벗어나지 않게 하기 위한 또 다른 자기장이 필요하다. 자기장을 이용하여 플라즈마를 가두는 다른 여러 장치들이 있지만 토카막이 그 중 가장 많은 연구가 진척되었으며 핵융합 발전에 최적의 장치로 손꼽히고 있다.
중수소 질량수 2와 3인 수소의 동위원소.
삼중수소 수소의 동위원소로, 원자량이 근사치로 3인 인공 방사성 원소이다. 보통 수소 폭탄의 부재료나 방사선 추적자로 쓰인다.

가열되어 핵융합 반응을 일으킨다. 핵융합 반응 시 일어나는 질량 결손에 의한 핵융합에너지가 중성자 운동에너지로 나타난다. 중성자 운동에너지는 다시 열에너지로 변환돼 증기를 가열하고, 터빈을 돌려 대용량의 전기를 생산하게 된다. 이와 같이 전자기장으로 생성되는 플라즈마를 이용하면 극한상황이라 일컬을 정도의 높은 온도, 압력, 에너지, 전력, 자력 등을 얻을 수 있다. 이러한 능력은 다른 물질과 활발히 반응하여 대상물질의 물리·화학적인 상태의 변화를 가능하게 하므로 플라즈마의 응용 분야는 날로 넓어지고 있다.

일상생활에서 볼 수 있는 몇 가지의 플라즈마 기술을 살펴보자.[30]

종래 초고압, 고온에서 어렵게 얻었던 기법 대신에 플라즈마를 이용한 기상 **증착법**蒸着法으로 **박막** 형태의 인조 다이아몬드를 얻을 수 있다. 자외선에 민감한 문화재나 예술 작품의 보호를 위해 자외선이나 적외선을 포함하지 않는 빛을 가진 조명등을 제작하는 일도 플라즈마가 할 수 있는 역할이다. 또한 고분자 재료에 소수성, 친수성, 염색성, 접착성 등을 개선시켜줄 수 있는 성질을 이용하여 만든 기능성 내의나 의복, 등산복 등이 요즈음 많은 각광을 받고 있다.

PDP Plasma Display Panel TV는 브라운관이 아니라 유리 기판을 스크린으로 하고 기판 사이에 플라즈마를 발생시켜 컬러 영상을 만들어내는 TV를 말한다. 기존 TV보다 무게나 두께가 현저히 줄어 대형 화면의 영상을 장소의 크기에 제약받지 않고 가정에서도 감상할 수 있는 기회를

증착법 박막을 만들기 위해서 박막의 재료가 되는 원자들을 원하는 표면에 가서 달라붙게 만드는 방법.
박막 기계 가공으로는 만들 수 없는 두께 1/1000mm 이하의 얇은 막을 통틀어 이르는 말.

제공한다.

 앞서 말했듯이 플라즈마 기술은 고온을 얻을 수 있기 때문에 대상물질을 활성화시켜 반응 속도를 크게 증가시킬 수 있다. 그런 이유로 플라즈마 장치는 종래의 설비에 비해 비교적 소규모로 싸고 간단하게 설치해도 같은 효과를 낼 수 있어 매우 경제적이다. 이러한 이점 외에도, 생산할 때 잔류 폐기물이나 기체 등의 오염물질이 감소할 뿐 아니라 공장의 배기가스 중 질소산화물이나 황산화물을 제거하는 공정까지도 건식 플라즈마 기술로 가능해서 앞으로 환경 분야에서 큰 역할이 기대된다.

 한편 플라즈마가 생성되는 온도는 최소한 수만 도로 일상생활에서 사용하는 가스불이 1900℃ 정도인 것을 감안하면 얼마나 뜨거울지 상상하기도 힘들다. 어떤 물질이건 가스 불에만 들어가도 새까맣게 타버려 그 형태를 알아보지 못하게 되고 지저분한 것이 남는다. 적당히 뜨거운 열로는 그저 더러운 찌꺼기만 남길 뿐이다. 그러나 그보다 수백 배나 더 뜨거운 불 속에서는 산산조각이 나다 못해 원자까지도 쪼개지는 일이 일어난다. 그런데 산산조각 나는 것으로 그치지 않고 이온 상태의 기체가 되어 그 자체로서도 아름다운 빛을 발하고, 산업적으로도 인류에게 많은 도움을 준다는 것이 참으로 놀랍지 않은가. 어지간한 불꽃이 아니라 초고온에서 태우니 원래 모습은 사라지고 물질의 고유 상태라 믿었던 고체, 액체, 기체를 벗어나 환골탈태한 듯 네 번째 상태의 물질이 주위를 채우며 말없이 인간의 수호천사 역할을 하고 있는 것이다. 작은 일을 하고도 자신을 내세우기 좋아하는 것이 인간인데, 어느 물질에서 시작되었건 결국 처음의 본체는 드러내지 않은 채, 오로지 자신의 할 것만 하는 물질세계를 보면 많은 것을 생각하게 된다.

　살면서 겪는 일 중에 죽는 것 빼고 무엇이 우리를 산산조각 내는 것만큼 고통스럽게 할까? 정말로 현실에서 육체가 산산조각이 난다면? 그래도 그런 운명을 탓하지 않고 그 상황에서도 감사할 수 있을까? 아니 감사하는 데 그치지 않고, 앞으로 밀고 나가 또다시 플라즈마처럼 빛을 발할 수 있을까?

　만일 머리와 어깨 윗부분을 제외한 모든 신경이 마비되었다면 어떤 삶을 살 수 있을까? 그럼에도 굴하지 않고 플라즈마 같은 삶을 살고 있는 서울대 지구환경과학부 이상묵 교수에 관해 거의 모든 언론이 대서특필하였다.[31] 2006년 7월 미국 야외지질조사에 나선 이 교수는 차가 전복되는 사고를 당하고 목 아래 부분의 모든 신경이 마비되는 불운을 맞게 되었다. 그러나 그의 인생이 끝났다고 생각했을 때, LA에 있는 '컴퓨터를 활용한 재활센터'로 이송되면서 그에게 놀라운 재기의 기회가 주어졌다. 전동휠체어를 움직이는 것도, 컴퓨터 파일과 인터넷 창을 열고 닫는 일도 모두 입으로 하고, 글도 입으로 쓰는 법을 배우게 되자 그는 몸의 마비와 제자를 잃은 절망적 상황을 받아들이기 시작했다.

　그후 불굴의 의지로 재기하여 6개월 만에 강단에 복귀하는 기적을 이뤄냈다. 그는 1년 8개월 동안 제자를 잃었다는 죄책감으로 자신을 숨기고 살았지만, '이렇게 다니는 것만으로도 화제가 되고, 다른 장애인들과 그 가족들에게 조금이나마 도움이 될 것 같아서 어떤 형태로든 세상에 알려야겠다.'고 생각했다.

　그의 삶은 국내 거의 모든 언론이 앞다퉈 보도했고 〈뉴욕타임스〉에까지 특집으로 소개되었다. 미국 공영방송 PBS를 통해서도 9월 1일 전 세계인들에게 소개됐다. PBS의 과학 전문채널 '노바사이언스'에서는 전 세계 유명 과학자들을 소개하는 코너를 마련하고 있는데 이상묵 교수가 이뤄낸 장애 이후 과학자로서의 열정과 인간 승리를 다큐멘터리 형식으로 조명했다.[32, 33] 그는 "하늘은 나에게서 모든 것을 가져가시고, 단 하나 희망을 남겨주셨다."며 다시 일어난 것이다. 이 교수를 사고 전부터 보아왔던 지인들은 한결같이 "그가 이전보다 더 행복해 보인다." "사고를 당했을 때, 부정적인 생각을 하는 뇌가 손상된 것 같다."고 말했다.

무엇이 그에게 이런 일을 가능하게 한 것일까? 그는 이에 대한 답을 간단하게 '거울'이라 표현했다. 거울을 통해 자신을 볼 수 있다면 다시 설 수 있다는 것이다. 좌절과 장애를 받아들이고 나니, 그것이 그의 희망을 건드릴 정도로 치명적이진 못했다는 것을 깨닫게 되었다. 그는 전신이 마비되었는데도 머리를 다치지 않아 연구와 강의를 계속할 수 있으니 자신은 행운아라 했다. 게다가 5년 전, 10년 전이 아닌 컴퓨터의 도움을 받을 수 있는 지금 시대에 다친 게 얼마나 다행인가 하였다.

절망을 딛고 일어선 그의 인생 드라마를 보면서 많은 사람들은 감동의 눈물을 흘렸다. 또 같은 처지에 있는 이들에게 희망을 주었고, 장애인에 대한 시선과 정부의 장애인 복지정책 개선에도 많은 영향을 미쳤다.

이 교수와 같은 상황에 처한 장애인 수는 생각보다 많지만 직업을 가진 경우는 거의 없다. 그러나 그들은 재활 여부에 따라 얼마든지 사회생활이 가능한 사람들이다. 다만 국가의 지원이나 복지체계가 미비한 탓에 마음이 있어도 집에서 지낼 수밖에 없는 것이다. 그의 체험으로 장애인에게 필요한 건 요원한 줄기세포가 아니라 현실적인 정보기술IT이라는 것을 알게 되었다.

이 교수는 1995년 낙마사고로 척추를 다쳐 전신마비 상태가 된 후 자신의 재산을 털어 척추 질환자를 위한 재단을 만든, 〈슈퍼맨〉의 주연배우 크리스토퍼 리브가 자신의 영웅이라고 소개했다. "의사소통을 위한 장비와 소프트웨어가 300만 원도 안 된다."며 "이를 알지 못해 고통 받는 장애인들에게 리브처럼 슈퍼맨이 돼주고 싶다."고 말했다.[34] 그러한 그의 의지는 보건복지부와 한국재활협회가 생활보조인을 돕기 위해 마련한 정부 예산 750억 원을 홍보하는 캠페인 참여까지 가능하게 했다.

이제 이 교수가 장기간 배를 타고 연구를 하는 것은 불가능하다. 하지만 해양연구원에서 진행하는 심해저 열수 광산 탐사에는 참여하기로 했다. 이는 배를 타지 않고도 인터넷 웹을 이용해 배 안의 상황을 실시간으로 파악하고 연구하는 방법을 채택했기 때문에 가능하다고 한다. 심해저 열수 광산 탐사를 통해, 장애인이기보다는 과학자로 알려지기를 더 원하는 그가 세계의 과학발전에 큰 발자국을 남길 수 있기를 기대해본다. 참으로 그는 우리가 배우거나 흉내 내기는 어렵지만, 마음의 스승으로 삼아야 할 살신성인의 플라즈마 같은 삶을 실천하며 사는 사람임에 틀림없다.

이 교수의 경우처럼 한순간에 일어난 교통사고는 물론이고 우리의 삶에서 도저히 살아남을 것 같지 않은 여러 고통을 만나곤 한다. 끔찍이 사랑하던 자녀를 죽음으로 잃거나, 온갖 고생을 마다 않고 헌신했던 배우자에게 배신을 당하기도 한다. 또 홍수나 가뭄으로 애써 농사지었던 작물을 하루아침에 다 버리기도 하고, 몸 바쳐 일했던 직장에서 강제로 조기 퇴직 당하기도 한다. 그럴 때면 허탈함을 넘어 삶의 의지까지 잃게 된다.

개인마다 고통의 사연이 다르며, 고통에 대처하는 방법도 모두 다르다. 스스로 목숨을 끊어버리는 극단적인 행동을 취하는가 하면, 삶의 의미를 찾아 좌절하지 않고 또 다른 희망을 만들어가기도 한다.

『죽음의 수용소에서』[35]의 저자 빅터 프랭클은 정신과 의사로 제2차 세계대전 당시 아우슈비츠 등 6개의 강제수용소에서 3년을 보냈다. 아우슈비츠에서는 119104번의 죄수였다. 거기서 그의 의지로 선택할 수 있는 것은 아무 것도 없었다. 그가 소중하게 생각했던 모든 사람과 모든 것을 빼앗겼다. 그런 절대고독과 비인간적인 상황의 두려움에도 불구하고, 그는 인간의 삶에 어떤 목적이 있는 것이라면, 고통과 죽음에도 반드시 그 목적이 있을 것이라고 믿었다. 극한 상황에서도 유리조각으로 면도를 하면서 깔끔한 모습을 유지했고 수용소에서 나가면 쓸 연구 논문까지 작은 종잇조각에 미리 메모하면서, 고통을 통한 '삶의 의미'를 찾으려고 탐구하였기에 수용소에서 살아남았을 수 있었다. 더 나아가 인간 영혼의 깊은 경지까지 이해할 수 있게 되었다. 그는 "살아야 할 이유를 아는 사람은 어떤 극한 상황도 이겨낼 수 있다."는 니체의 말을 인용하면서 고통과 죽음의 목적을 찾아낸다면 그 해답이 요구하는 책임도 받아들여야 하며, 어떤 모욕적인 상황에서도 계속 성숙해 나갈 수 있을 것이라 했다.

인간에게서 모든 것을 빼앗을 수는 있어도 자신의 길을 선택할 수 있는 자유의지만은 빼앗아갈 수 없다는 그의 인생철학이, "내가 어떤 종류의 사람이 되는가는 나 개인의 내적인 선택의 결과이지 수용소라는 환경의 영향이 아니다."라는 그의 말에서 잘 드러난다. 환경이나 남을 탓하고 신세 한탄을 하며 좌절하는 것이 얼마나 사치스럽고 잘못된 것인지를 우리에게 일깨워주는 대목이다. 얼음같이 차가운 바람을 맞으며 커다란 웅덩이에 빠지기도 하고 빙판에 미끄러져 넘어지기도 하면서 몇 마일을 걷는 동안 그는 하늘을 보며 생각했다.

"인간에 대한 구원은 사랑을 통해서, 그리고 사랑 안에서 실현된다. 극단적으로 소외된 상황에서 자기 자신을 적극적으로 표현할 수 없을 때, 주어진 고통을 올바르고 명예롭게 견디는 것만이 자기가 할 수 있는 일의 전부일 때, 사람은 자신이 간직하고 있던 사람의 모습을 생각하는 것으로 충족감을 느낄 수 있다."

프랭클의 삶의 의미를 찾는 여정은 계속 이어진다.

"시련은 운명과 죽음처럼 우리 삶의 빼놓을 수 없는 한 부분이다. 시련과 죽음 없이 인간의 삶은 완성될 수 없다. 사람이 자기 운명과 그에 따르는 시련을 받아들이는 과정, 다시 말해 자기 십자가를 짊어지고 나가는 과정은 그 사람으로 하여금 자기 삶에 보다 깊은 의미를 부여할 수 있는 폭넓은 기회를 제공한다. 그 기회를 선택할 권리는 전적으로 개인에게 달려 있다. 모든 우울증이 삶이 무의미하다는 생각에서 비롯된 것이 아니고, 자살이 항상 공허감 때문에 일어나는 것이 아니라 하더라도 만약 살아갈 만한 가치가 있는 어떤 의미와 목적을 알았다면 자기 생명을 빼앗으려는 충동을 극복할 수 있을 것이다."

이와 같이 매 순간 죽음의 문턱에 서 있었음에도 삶의 의미를 찾은 프랭클은 자신의 체험을 통해 로고테라피logotherapy라는 정신치료법의 이론을 확립하였고, 고통을 당한 사람들에게 비극 속의 낙관을 느껴 살아갈 의지를 끌어낼 수 있도록 도와주고 있다. 크고 작은 고통을 가지지 않고는 살아갈 수 없는 우리에게 희망을 가지라고 도움의 손길을 내밀어주는 또 다른 플라즈마 인생이다.

Allotrope

_ 같은 종류의 원소로 이루어졌으나
그 성질이 다른 물질이 존재할 때,
이 여러 형태를 부르는 이름을 말한다.

천체의 움직임은 계산할 수 있지만 사람들의 광기까지 계산할 수는 없다.
—뉴턴

동 소 체

우리가 가져야 할
얼굴은
하나의
얼굴이어야 한다

정채봉의 짧은 에세이 「숯과 다이아몬드」에 나오는 글이다.[36]

태초에 탄소 형제가 공중에 살고 있었다. 그런데 어느 날 그들에게 들려오는 소리가 있었다. "이제 너희의 공기 생활은 끝났다. 저 땅 밑으로 들어가 살아야 할 때가 되었다." 형은 침묵한 반면 아우는 반항했다. "싫어요. 땅 밑은 엄청난 고통일 텐데 어떻게 살아요? 저는 도망해서라도 지상에서 살겠어요." 이내 천둥이 쳤다. 벼락이 쳤다. 폭풍우가 몰려왔다. 세상이 바뀌었다. 순명한 형은 땅속 깊숙한 곳에 묻혔다. 거기서 어마어마한 압박과 뜨거운 열을 견뎌내며 살아야 했다. 지상을 원한 탄소네 아우가 눈을 떴다. 그는 그제야 자기가 시꺼먼 숯이 되어 있는 것을 발견했다. 어느 날 숯은 아무도 견줄 수 없는 무적의 보석이 나타났다고 사람들이 몰려가는 것을 보았다. 그것은 다이아몬드가 된 숯의 형이었다.

편안하게 태어난 숯과 온갖 고초를 다한 후에 태어난 다이아몬드는 겉보기에 전혀 닮아 있지 않지만 그들은 똑같이 순수한 탄소로 되어 있다는 이야기다.

탄소는 숯 같은 **무정형**의 상태부터 다이아몬드나 흑연과 같이 많이 알려진 결정구조로도 존재한다. 이렇게 한 종류의 원소로 이루어졌으나 그 성질이 다른 물질이 존재할 때, 이 여러 형태를 부르는 이름을 동소체同素體, Allotropes라고 한다.[37] 이 용어는 옌스 야코브 베르셀리우스가 처음 사용했다.

탄소 말고도 동소체로 존재하는 것이 많이 있다. 가령 산소는 일반적으로 O_2로 존재하며 오존인 O_3와 O_4 등의 동소체가 존재하고, 인의 경우에는 백린·적린·흑린, 황의 경우에는 단사황·사방황·고무상황 등이 존재한다.

지구상의 생물을 구성하는 가장 중요한 원소이고 산업적으로도 관심을 많이 끌고 있기에 여기서는 탄소의 동소체에 대해서 알아보기로 한다.

불과 20년 전까지 사람들은 탄소의 동소체는 흑연과 다이아몬드뿐이라고 믿었다. 흑연은 검고 잘 부서지며 다이아몬드는 맑고 투명하면서도 단단하여 영원한 보석이라 불리는데, 이들이 이렇게 큰 차이를 보이는 이유는 무엇일까?[38, 39] 그것은 탄소 원자들이 결합하는 모양이 다르기 때문이다.

다음 그림에서 보는 바와 같이 다이아몬드는 각 탄소 원자들이 결정

| 무정형 일정한 형식이나 모양이 없는 것으로 화학에선 비결정성을 표현한다.

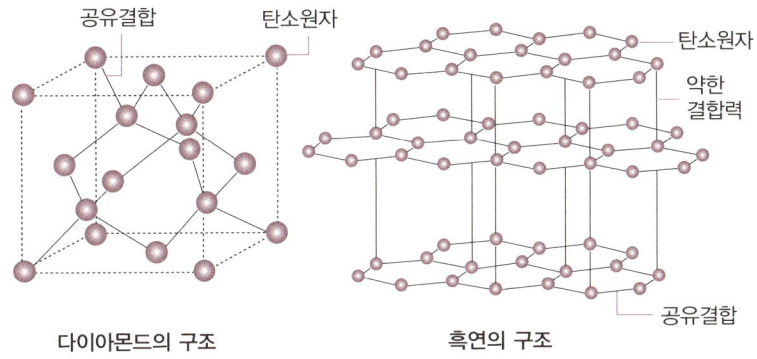

다이아몬드와 흑연

다이아몬드의 구조 / 흑연의 구조

전체에 걸쳐 같은 거리에 있는 4개의 인접한 탄소와 결합하고 있으며, 그 4개의 결합은 한 평면에 있는 것이 아니고 2개의 결합끼리 만드는 각도, 즉 결합각이 109.5°로서 정4면체 모양을 하고 있다. 이들은 치밀하고 밀접한 결합을 하는 결정구조 때문에 경도가 매우 커서, 긁기 경도는 **모스 경도계**Mohs hardness scale로 지구상의 어떤 물질보다도 강한 10이며 전기 **절연체**다.

반면에 흑연은 평면의 판상으로 6개의 탄소 원자가 벌집 모양의 6각 고리 평면을 이루면서 연속적으로 배열되어 있고 이 판상이 겹겹의 층으로 되어 있다. 즉 한 평면에 있는 각 탄소 원자는 3개의 인접한 탄소와 결합하고 있으며 이들끼리는 강한 결합을 하고 있지만 층간의 결합

모스 경도계 가장 무른 것을 1로 하고 가장 단단한 것을 10으로 하여 10개의 광물에 굳기 순서대로 번호를 붙여놓은 것.
절연체 전기를 전달하기 어려운 성질을 갖는 물질의 총칭.

은 매우 약하다. 바로 이런 이유로 경도는 훨씬 약해 1~2밖에 안 된다. 그리고 평면 육각형 고리가 연속되는 구조 때문에 전자의 이동이 용이하여 흑연은 전기 전도성을 가진다.

동소체는 서로 변환이 가능한데, 흑연이 다이아몬드가 되려면 10만 기압의 높은 압력과 3000°C의 높은 온도가 필요하다. 아무리 갖고 싶은 보석이지만 이와 같은 극한의 조건 때문에 집에서 만드는 것은 어림도 없는 일이다. 반면에 다이아몬드는 산소를 차단하고 2000°C 정도로 가열하면 흑연으로 변하게 된다.

한편, 빛의 스펙트럼을 분석하던 과학자들은 220nm(nm : 나노미터 = 10^{-9}m)의 파장 영역에서 항상 강한 흡수가 일어나는 것을 관찰할 수 있었다. 그들은 이것에 대해 우주를 가로질러 지구로 오던 빛들이 무언가에 의해 강하게 흡수되는 현상으로 이해하였고, 그 물질들이 탄소 입자들로 구성되었다고 생각했다.

그후에 흑연에 레이저를 쪼이고 플라즈마 상태로 만든 후 다시 응축시키는 과정을 반복하여 탄소 입자를 얻어내어 질량분석기로 분석한 결과 1985년에 스몰리Smalley 박사 등은 그 물질이 탄소의 세 번째 동소체인 탄소원자 60개C_{60}로 이루어진 화합물임을 확인하게 되었다.[40] 이 물질은 수소, 질소산화물, 이황산가스 등과 반응하여도 그 구조를 그대로 유지할 만큼 안정하였다.

1990년 독일 막스 플랑크 연구소에서 후프만Huffman 등은 핵자기 공명NMR 및 적외선IR 분광기 등을 사용하여 C_{60}가 축구공 형태임을 증명하였다. C_{60}는 버크민스터 플러Buckminster Fuller라는 건축가가 캐나다

몬트리올에서 열린 박람회에서 선보인 돔 식의 구조물과 닮았다고 하여 그의 이름을 본떠 버키볼bucky ball 혹은 플러렌fullerene이라 부르게 되었다.

이 버키볼은 다이아몬드를 웃도는 경도를 가지며 고압에도 잘 견뎌 나노머신의 윤활제로 쓰일 수 있다. 또한 어떤 물질과 어떻게 섞느냐에 따라 도체·반도체·초전도체의 기능을 나타낸다.

버키볼은 C_{60} 외에도 C_{70}, C_{76}, C_{78}, C_{84} 등이 발견되었다.[41] 다양한 종류의 버키볼이 있는 것처럼 쓰임새 또한 매우 다양하여 현재, 축전지, 윤활유, 초전도체, 촉매, 기억소자, 로켓연료, 유기물자석 등에 응용하고 있으며, 전기 및 광학재료에 이르기까지 광범위하게 응용이 기대되는 나노기술의 미래형 신소재다.

탄소의 세 번째 동소체 버키볼 또는 플러렌

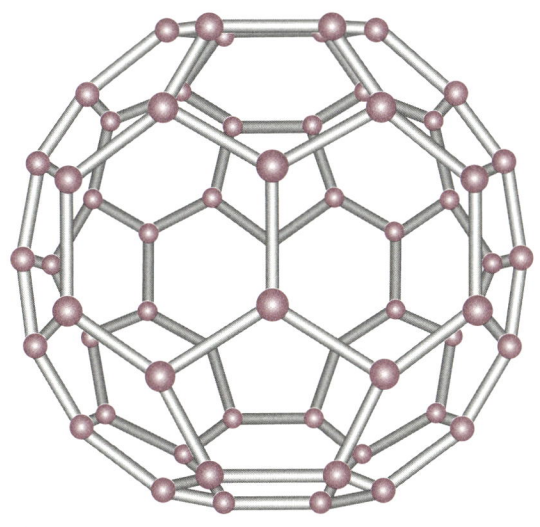

2000년에는 하버드대학에서 버키볼을 이용한 극소형 트랜지스터를 만드는 연구가 보고되었으며, 약물 운반체로서 에이즈 치료약 임상실험이 시작되는 등 활발한 연구가 계속되고 있다.

그후 전 세계가 새로운 구조의 탄소를 합성하기 위한 연구를 진행하던 중 일본의 이지마 수미오飯島澄男는 1991년에 우연히 가늘고 긴 대롱 모양의 탄소구조가 형성된 것을 전자현미경을 통해 확인하였다. 이것이 네 번째 동소체인 탄소 나노튜브Nanotube의 시작이다.[42]

탄소 나노튜브는 흑연의 경우와 같이 탄소 원자들이 한 평면상에 육각형 벌집무늬로 배열하고 있는데, 종이 위에 이 벌집무늬를 그린 후 종이를 둥글게 말면 나노튜브 구조가 된다. 튜브는 실린더와 같은 모양을 갖고 있으며 그 직경이 보통 1nm 정도로 매우 작기 때문에 나노튜브라 부른다.

원래 전기적으로 도체인 나노튜브가 여러 가닥으로 모여 다발을 이룬 소위 '밧줄rope'이 될 때는 튜브와 튜브가 모여 상호작용을 하면서 반도체로 변화한다. 그러므로 탄소 나노튜브는 반도체 소자로 쓰일 수 있을 뿐 아니라 현저히 작은 나노 사이즈 때문에 집적도가 높은 칩을 만들 수 있다.

실제로 서울대 임지순 교수는 2000년에 미국의 공동 연구팀과 더불어 반도체소자 집적도를 현재보다 최고 1만 배까지 높일 수 있는 세계 최소형 탄소 나노튜브 트랜지스터를 제작하는 데 성공했다.[43] 그들이 2000년 4월호 〈사이언스〉지에 발표한 바에 따르면, 반도체 집적도를 1만 배 이상 높이면 초대형 슈퍼컴퓨터를 가정용 벽시계 정도의 크기로 줄일 수 있으며, 정보처리 분야에서도 혁명이 일어날 것이라 하였다.[44]

탄소의 네 번째 동소체 탄소 나노튜브

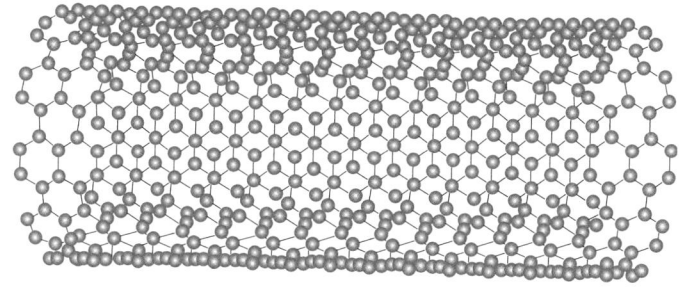

 또한 현재 주로 사용되는 실리콘 반도체보다 화학적으로 더 안정하고 열, 마찰에도 잘 견디는 장점도 있다. 이와 같은 가능성 덕분에 탄소 나노튜브가 인류생활에 어떻게 이바지할 수 있는지에 대해 앞으로 더 많은 연구가 이루어질 것으로 기대된다.
 호주 캔버라대학 연구팀은 최근 비누 거품 모양 같은 '나노폼 nanofoam'을 다섯 번째 동소체로 보고했다.[45] 탄소에 강한 레이저를 쪼여 온도가 섭씨 1만°C에 이르렀을 때, 수 나노미터밖에 안 되는 짧은 나노튜브들이 엉켜 그물구조의 형태를 이루었다고 한다. 이는 나노튜브들이 단순히 뒤엉켜 있는 것과는 다르다. 탄소의 동소체는 일반적으로 반자성反磁性인데, 이 나노폼은 그물구조로 인해 홀전자를 갖게 되어 자성을 띠게 되므로 여러 분야에 응용 가능성을 보이고 있다.
 예를 들면, 나노폼을 혈관에 주사하고 MRI를 측정하면 혈류를 확연히 관측할 수 있게 되어 의료용으로 활용할 수 있다. 이외에도 다이아몬드는 열전도도가 높은데 반하여 나노폼은 유난히 열전도도가 낮다

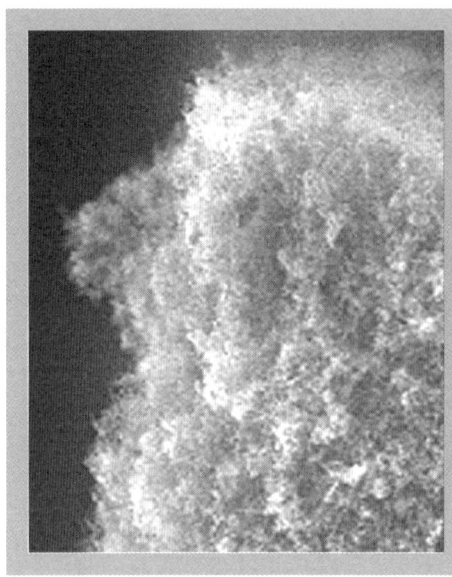

탄소의 다섯 번째 동소체
탄소 나노폼
출처 : www.abc.net.au/science/news
/img/...304a.jpg

는 특징이 있다. 따라서 종양에 나노폼을 주사한 뒤 레이저를 쬐면 온도가 높아져 종양 세포는 죽이지만 주변 조직에는 열을 전달하지 않을 것이라고 한다. 재미있는 점은, 이 나노폼이 자기장에 끌린다는 것이다. 탄소의 동소체는 일반적으로 반자성인데, 이 나노폼은 그물구조로 연결된 결합 덕에 금속성을 띠면서 홀전자가 있는 전자구조를 갖게 된 것으로 보인다. 나노폼의 독특한 자기적 성질 때문에, 여러 분야에의 응용 가능성에 관심이 모아지고 있다.

앞으로 어떤 동소체가 더 발견될지 모르지만 여기서는 탄소의 다섯 가지 동소체를 살펴보았다. 즉 탄소의 몸체는 하나인데 얼굴이 다섯 개라는 뜻이다.

사람이 가질 수 있는 얼굴은 과연 몇 가지나 될까?

지금까지 알려진 것 중 가장 많은 수는, 무성영화 시절 할리우드에서 크게 성공한 배우 론 채니의 삶을 다룬 〈천의 얼굴을 가진 사나이〉라는 영화가 기록했다.[46] 그는 어렸을 때 청각 장애인인 양친과 의사소통을 하려고 애쓰는 과정을 통해 마임 기술을 몸에 익혔다. 거기에 더하여 론 채니는 강한 카리스마와 자신을 학대해가며 그로테스크한 영화의 한정된 영역에서 그의 얼굴과 육체를 변화시키는 능력을 발휘하여 〈기적의 사나이〉, 〈노트르담의 꼽추〉, 〈오페라의 유령〉 등에서 걸출한 연기를 보여주었다. 비록 그는 흉측하고 괴기스런 얼굴이나 모습을 연기했지만, 자신을 무너뜨려가면서 관람객에게 실감나는 영화를 보여주려 한 그의 과감함과 치열한 노력을 떠올리면 그의 내면 얼굴은 과연 얼마나 더 편안하고 따스한 모습일까 상상하게 된다.

한편, 링컨 대통령의 일화는 우리를 웃음짓게 만든다.[47]

링컨과 더글러스 두 대통령 후보가 접전을 벌일 때의 일이다. 상원의원 선거 합동 유세장에서 먼저 연단에 올라간 상대 후보 더글러스가 링컨에게 인신공격을 하기 시작했다. 그는 링컨의 도덕성을 들먹이며 맹렬한 공격을 해왔다.

"링컨 후보는 아주 교활하고 부도덕하여 두 얼굴을 가진 이중인격자입니다."

이에 대해 링컨은 차분한 음성으로 대응하였다.

"지금 더글러스 후보께서는 저에게 두 얼굴을 가진 이중인격자라고 하셨습니다. 그러나 유권자 여러분, 생각해보십시오. 만일 제가 또 하나의 얼굴을 가졌다면, 오늘같이 여러 유권자 앞에 나오는 중요한 날에 잘생긴 얼굴로 나올 것이지 왜 하필이면 이렇게 못생긴 얼굴을 가지고 이 자리에 나왔겠습니까? 여러분!"

이 말이 떨어지자 청중들은 박장대소를 하면서, "링컨! 링컨!" 하고 외치며 한참 동안이나 환호가 그치지 않았다.

선거결과는 예상대로 링컨에게 절대 다수의 표가 몰려 무난히 당선되었다.

링컨의 얼굴이 못생긴 것은 세상이 다 아는 사실이었고, 그는 선거 유세장에서 자기 얼굴이 못생긴 것까지도 재치 있는 유머를 활용하여 상대방 후보로부터의 공격을 멋지게 물리쳤다. 링컨은 나이가 40을 넘은 사람은 자기 얼굴에 책임을 져야 한다고 했다. 다른 사람도 아니고 못생기기로 유명한 링컨이 이런 말을 한 걸 보면 못생긴 것과 인상은 무관한 듯싶다.

비록 못생기게 태어났어도 스스로 노력하면 인상은 바뀔 수 있고, 잘생기지는 못했어도 좋은 인상을 가진 사람이 그저 잘생기기만 한 사람보다 대인관계나 일에서 더 성공적임을 종종 보곤 한다. 어떤 일을 하든 그 사람의 생김새보다는 그 일에 임하는 진정성이 훨씬 중요하기 때문이다.

몇 년 전 내가 재직하는 학교에 3학년으로 편입했던 한 남학생이 있었는데 그의 이야기에 나는 깊은 감명을 받았다. 그 학생의 이야기는 〈행복한 동행〉(2009년 8월호)에 소개된 적이 있다.

그의 외모나 표정은 늘 멍하고 우울해서 나같이 사람 얼굴을 잘 구별하지 못하는 사람도 금방 알아볼 정도였다. 당시에 들어왔던 몇 명의 편입생들은 전공을 바꾸어 들어왔기에 강의 시간에 알아듣기 힘들어했고, 그것이 밖으로도 드러나게 되니 여간 노력하지 않으면 동급생들과 잘 어울리기 힘든 형편이었다. 게다가 인상까지 그랬으니 편입생 사이에서도 외톨이로 지내는 건 당연해 보였다.

그러던 어느 날 그가 기운이 하나도 없이 연구실로 찾아와서는, 내 강의 내용을 도무지 못 알아듣겠고 친구를 사귀려 해도 모두들 자기를 멀리하기만 하니 죽고 싶다며 눈물을 흘렸다. 사실 나도 은근히 그를 등한시하던 터라 속으로 뜨끔했다. 평소에 학생들에게 모르는 것이 있으면 어떤 쉬운 문제라도 좋으니 물으러 오라고 하던 나였기에, 미안하고 안쓰러운 마음으로 언제든 찾아오라고 그를 다독였다. 그는 내 말에 힘을 얻고는 거의 매일 끈질기게 찾아왔다. 사실 그가 그렇게 자주 찾아올지는 전혀 기대하지 않았다.

그후 내가 아무리 바쁘고 피곤해도 그를 위한 시간을 남겨두었던 건 그가 보인 용기와 강한 의지 때문이었다. 일반화학조차도 이해하지 못하는 그와 차근차근 공부하며 한 학기를 보냈다. 그후 그가 치른 시험 결과는 놀랍게도 A$^+$이었다. 처음 시작할 때의 실력을 생각해볼 때, 나뿐 아니라 그 자신도 그런 결과가 나오리라고는 예상하지 못했기에 더욱 놀랄 수밖에 없었다. 2학기 때 이 사실을 학생들에게 알리니 모두가 감탄을 감추지 못했다. 그에겐 자신감이 생겼고, 친구들도 하나 둘 주위에 모여들었다.

공부보다 더 힘든 난관을 뚫으려는 그의 노력은 그 뒤 취업의 문턱을 넘는 과정에서도 계속됐다. 가고자 하는 회사에 수백 번이나 지원했지만 아쉽게도 서류전형에 합격해놓고도 면접만 보면 번번이 실패하곤 했다.

그 원인이 자신의 인상 때문임을 깨닫고 매일매일 시간 날 때마다 거울을 보며 미소 짓는 연습을 했다. 졸업하기 얼마 전, 아무래도 웃는 노력만으로는 인상을 바꿀 수 없어 쌍꺼풀 수술을 했다며, 붓기가 빠지지 않은 채 내게 나타났다. 이번에는 슬픔이 아닌 감격의 눈물을 글썽이며 찾아온 것이다. 마침내 국내 굴지의 제약회사에 합격했다는 소식을 안고.

그런데 눈이 너무 부어 있어 내가 보기에는 그의 인상이 전보다 결코 나아 보이지 않았다. 어떻게 합격했느냐고 반가워 묻는 내게 그는 "지금도 부은 눈이 보기 싫은데, 수술한 지 사흘밖에 안 됐을 때 갑자기 면접 보러 오라고 해서 할 수 없이 험한 모습을 하고 갔습니다."라고 대답했다. 그리고 면접관이 "왜 당신을 꼭 뽑아야 하는지 이유를 말하라."고 했을 때 나와 함께 매일 공부했던 일과 인상을 바꾸기 위해서 들인 각고의 노력에 대해 이야기했다고 한다.

그러면서 자기가 합격한 이유는 '성형수술' 때문이 아니라 그가 했던 '모든 노력' 때문이었던 것 같다고 했다. 나도 물론 동의했다. 면접관의 눈에도 그의 인상이 그리 좋아 보이지는 않았을 테니까.

자신을 바로 볼 줄 아는 그는 앞으로도 최선을 다해서 자신의 약점이라 생각되면 곧바로 고쳐갈 것이기 때문에 그의 미래는 환히 빛날 거라 믿어 의심치 않는다.

그렇다. 우리가 가져야 할 얼굴은 여러 가지일 필요가 없다. 아니, 하나의 얼굴이어야 한다. 아무리 외모 지상주의 시대에 살고 있지만, 못생겼다고 좌절할 필요가 없다. 자신의 약점을 인정하고 삶을 긍정적으로 살아가면서 그것을 이겨내고자 노력함으로써 만들어지는 진정성을 가진 얼굴 하나면 족하다. 그런 얼굴을 가진 이라야 많은 얼굴을 가진 물질을 개발할 수 있을 테니까.

Ozone _ 산소 원자 3개로 이루어진 산소의 동소체

양심을 동반하지 않는 과학은 영혼을 파괴할 뿐이다.
―라블레

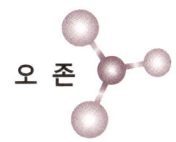

오 존

잘못 생각했거나
널리 보지 못하여 실수하는지
한 번쯤은
다시 생각해야 한다

우리가 말하는 보통의 산소는 산소 원자 2개로 구성되어 있는 O_2를 말하지만, 오존ozone, O_3은 산소 원자 3개로 이루어진 산소의 동소체다. 오존은 대기압, 실온에서 푸른빛을 띠는 기체이며 불안정하여 산소 분자O_2와 산소 원자O로 분해되려는 경향이 있는데, 이러한 경향은 온도가 올라갈수록, 압력이 낮아질수록 커진다.

성층권成層圈의 중·하층부인 고도 15~35km 범위에 대기 속 오존의 약 90%가 존재하는데 이 대기층을 오존층Ozone Layer이라 한다.[48] 오존을 발생시키는 광화학 메커니즘은 1930년 영국 물리학자 시드니 채프

성층권 성층권은 대류권의 위로부터 고도 약 50km까지의 대기층이다. 약 20~30km 지점에서 오존들이 자외선을 흡수하므로 높이에 따라 기온이 증가하는 오존층이 있다. 대류권과 반대로 높이 올라갈수록 온도가 올라간다.

먼Sydney Chapman에 의해 밝혀졌다.

자외선 복사는 파장에 따라 세 가지로 나누는데, 파장이 긴 순서대로 쓰면 UV-A(400~315nm), UV-B(315·280nm), 그리고 UV-C(280~100nm)다. 지구의 성층권 내의 오존은 파장이 짧은 자외선, UV-C에 의해서 산소 분자가 해리되어 산소 원자가 생성되고, 그 산소 원자가 다시 산소 분자와 결합하여 오존이 발생된다. 직접 노출되면 인간에게 매우 해로운 UV-C이지만 이와 같이 산소를 분해한 후 다시 산소 분자와 반응하여 오존층을 형성하는 데 쓰이고, 이 과정에서 자외선은 지표면에 도달하기 전에 97~99% 흡수된다. 그리고 파장이 더 긴 자외선, UV-B가 오존과 만나면 다시 산소 분자와 산소 원자로 나뉘며 분해되거나, 산소 원자와 반응하여 산소 분자를 만들기도 하면서 오존-산소 사이클 과정을 계속한다.

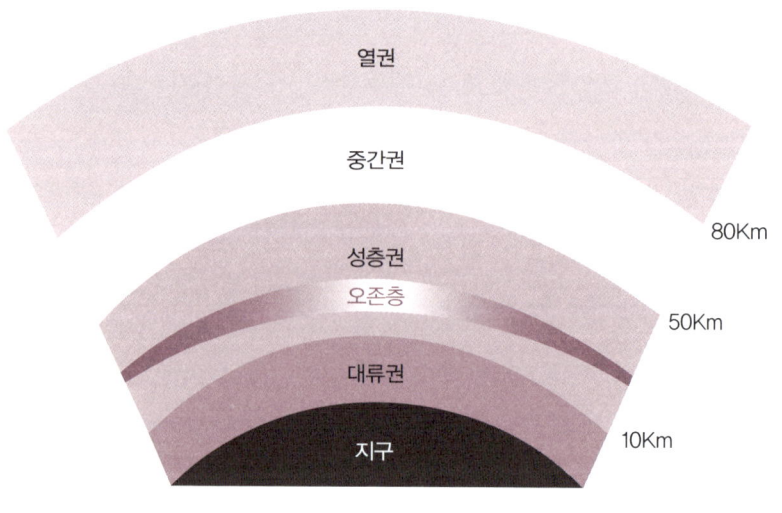

대기의 구조

피부에 유해하고 햇볕에 타는 주된 원인이 되는 것은 UV-B이며 오존층은 이렇게 유해한 UV-B도 매우 효율적으로 차단하지만 약간은 지표면에 도달한다. 대부분의 UV-A는 지표면에 도달하는데 이 복사는 주목할 정도로 유해하지는 않지만 잠재적으로 유전학상의 손상을 유발할 수 있다.

이와 같이 자연 상태의 성층권 영역에서 오존은 자외선에 의하여 생성되기도 하고 분해되기도 하면서 일정한 오존량이 평형을 유지하고 있어서 다른 **대기권** 영역에 비해 그 농도가 높은 오존층을 생성한다. 실제로 성층권에 들어 있는 오존의 농도는 2~**8ppm**이다.

오존층은 프랑스 물리학자 패브리Charles Fabry와 뷔슨Henri Buisson에 의해 1953년 발견되었고, 영국 기상학자 답슨G. M. B. Dobson은 땅에서 성층권 오존을 측정하기 위해 사용될 수 있는 단순한 **분광 광도계**Spectrophotometer를 개발하여 오늘날까지 이어져온 세계적인 오존의 관찰 체계를 구성하였다. 그렇게 측정한 결과 성층권의 오존을 균일하게 압축하여 분포시키면 약 3mm 두께에 지나지 않을 정도로 대기 중에 그 양이 매우 적다는 것이 확인되었다. 그런 이유로 오존의 평형을 깨뜨리기도 쉬워 오늘날 심각한 환경문제가 생겨나고 있다.

오존의 나머지 10%는 지표면에서 가장 가까운 **대류권**에 포함되어

대기권大氣圈 지구를 둘러싸고 있는 대기의 층이다. 지상 약 1천km까지를 말하며, 기온 분포에 따라 대류권, 성층권, 중간권, 열권으로 나눈다.
ppm parts per million 백만분율이다.
분광 광도계分光光度計 빛의 양을 전기에너지로 바꾸어서 측광하는 도구를 말한다. 다양한 파장 영역의 빛을 측광하기 위해 각 파장대에 여러 종류의 검출기를 사용한다.

있는데 기상 예보에 발표하는 양은 이것을 말하며 우리의 기상에 직접 영향을 미친다. 대류권에 있는 오존의 생성 원인은 두 가지다. 성층권에서 직접 내려오는 경우와 자동차 매연이나 산업 환경 등에 의하여 생긴 질소나 다른 성분의 산화물이 산소와 반응함으로써 비정상적으로 발생하는 경우다. 여름철 주의보를 발령시키는 오존은 비정상적인 상태로 만들어진 것들로 대기 오염의 주범이 된다. 오존은 불안정하기 때문에 산소 분자와 산소 원자로 분해되기 쉬운데 이 분해된 산소 원자는 반응성이 커서 주변의 물질을 쉽게 공격한다.

대기 중에 오존 농도가 0.12ppm일 때는 주의보, 0.3일 때 경보, 0.5일 때는 중대경보를 발령한다.[49] 0.1~0.3ppm에서 한 시간 노출되면 호흡기 자극 증상이 증가하고 기침이 나며 눈에 자극이 온다. 0.3~0.5ppm에서 두 시간 노출되면 운동 중에 폐 기능이 감소되고 0.5ppm 이상에서 여섯 시간 노출되면 마른기침과 흉부불안 증상이 나타난다. 활동기의 어린이나 노약자는 고농도 오존에 더 쉽게 영향을 받을 수 있다.

그밖에 동물에 대한 결과도 포함되었는데, 오존에 많이 노출된 쥐는 **적혈구**의 변형이 나타나고 더 늘어나면 사망률이 증가한다. 식물도 오존에 의해 잎의 **해면조직**이 손상되어 회백색 또는 갈색의 반점이 생기

대류권對流圈 대기권의 가장 아래층. 두께는 위도와 계절에 따라 변화하지만 대체로 10~15km 정도이며, 공기가 활발한 대류를 일으켜 기상현상이 발생한다.
적혈구 혈액의 주요 성분 중의 하나로 산소운반을 위하여 특화된 혈구다.
해면조직 빽빽하게 배열되어 있는 책상조직 아래에 엉성하게 배열되어 있으며 둥근 모양의 세포들로 이루어져 있는 조직이다. 해면조직은 엽록체를 가지고 있으므로 책상조직과 함께 광합성이 활발히 일어나는 장소다.

게 된다. 잎 손상으로 농작물의 상품성 및 가치가 하락하고, 해충·질병에 약해지게 되어 미국의 경우 농작물 수확 피해액이 연간 5억 달러에 이르는 것으로 추정되고 있다.

오존이 우리 몸에 해가 되는 메커니즘을 알아보면,[50] 오존은 강력한 산화제로서 세포 내 단백질의 구성성분인 설프히드릴Sulfhydryl계에 작용해 세포막을 약화시키므로 후두점막이 붓거나 기관지염, 기침, 메스꺼움, 두통 등을 유발하고 천식과 같은 알레르기 질환을 심화시킨다. 또한 오존은 체내 불포화지방산과 반응해 지방의 과산화를 촉진하는 과정에서 과산화수소와 알데하이드 등을 발생시켜 세포에 직접적인 독성작용을 함으로써 기관지에 화상을 입은 것 같은 염증을 일으키고 심한 경우 **폐수종**이나 폐출혈을 유발한다고 한다.

한편, 존 홀링스워스John Hollingsworth 박사팀은 쥐를 이용한 연구에서 오존을 비롯한 오염물질을 흡입할 경우 신체의 방어기구인 자연면역계의 과잉 반응을 유발해 주요 면역계 세포를 죽이고 그 결과, 폐는 세균 등의 침입자의 공격에 취약해진다고 발표하였다.[51]

이렇게 우리에게 해롭게만 보이는 오존이지만 농도가 낮을 때는 이롭게 작용할 수도 있다. 공기 혹은 식수에 들어 있는 세균에 오존이 접근하면 세균의 세포막을 파괴한다. 이런 살균효과를 이용하여 오존을 발생시키는 공기정화기가 나와 있다. 또한 산소 원자가 갖고 있는 강력한 산화력으로 인해 하수의 살균, 악취제거에도 쓰이고, 섬유의 표백 등 여러 분야에서 유용하게 이용되기도 한다.

| 폐수종 폐울혈에 의하여 폐포 내에 장액성(漿液性) 누출액이 찬 상태.

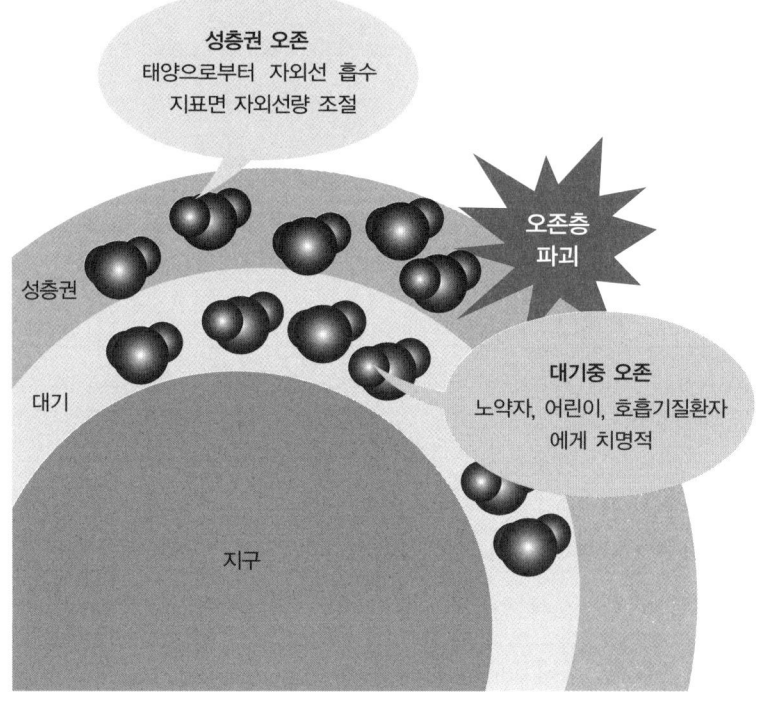

오존의 역할

　또한, 성층권에 있는 오존층은 펼치면 두께가 매우 얇을 정도로 그 농도가 지극히 작지만 태양으로부터 방출되는 생물학적으로 해로운 자외선 복사를 흡수하기 때문에 실로 인간 삶에 중요한 요소이기도 하다. 즉 인체에 유해한 자외선 복사를 차단하는 보호막으로 작용하여 지구상의 생물을 보호하고 지구의 온도를 적절하게 조절해주는 매우 중요한 역할을 하는 것이다. 그러므로 대기 중의 오존은 사람에게 피해를 주지만, 성층권의 오존층은 자외선을 차단하여 사람을 보호해준다는 뜻이다.

그런데 이 자외선의 보호막인 오존층은 대기 중에 그 농도가 작기 때문에 파괴되기도 쉬우며 이 파괴의 주범은, 듀퐁사 제품의 **프레온 가스**로 더 잘 알려져 있으며 냉장고나 에어컨의 냉매 등 산업계에서 폭넓게 사용되어왔던 염화불화탄소CFC다.[52] CFC가 위험한 것은, 대기권에서는 분해되지 않으나 성층권에 올라가면 자외선에 의해 염소 원자x로 분해되어 다음의 그림과 같이 오존과 반응한 후 일산화염소가 되고 그것은 다시 산소 원자와 반응하여 산소 분자와 염소 원자를 다시 내놓게 된다. 결국 염소는 소모되지 않은 채로 반응 사이클을 반복하는 셈이다. 이로 인해 오존층 파괴가 심각하게 진행된다.

지구 상공의 오존층을 파괴하는 것은 CFC만이 아니다.[53] 자동차 매연에서 뿜어져나오는 질소 산화물도 마찬가지이며, 농약, 염료 등의 원료이자 드라이클리닝을 하는 데 사용하는 **사염화탄소**, 소화기消火器에 쓰이는 할론, 공업용 용제와 전자부품 세척제로 쓰이는 메틸클로로포름 등도 오존층을 파괴하는 데 악역을 담당하고 있다.

또 다른 오존층 파괴 주범인 할론 가스는 프레온 가스에 염소 대신 브롬이 포함된 물질이다. 공기 중의 농도가 5%만 되면 10초 이내에 불이 꺼지며 불탄 찌꺼기가 없다는 이유로 최고의 소화제로 인정되어 귀중품 전시장, 정밀기기 시설, 위험물 창고 등에 널리 쓰였고 군대에서도 적의 공격에 따른 화재 피해의 극소화를 위해 도입하였다. 그러나

프레온 가스 메테인, 에테인과 같은 가장 기본적인 탄화수소 화합물에서 수소 부분을 플루오린(불소)이나 다른 할로젠 원소로 치환한 물질이다. 냉장고, 에어컨 등의 냉매로 사용되며 이외에도 용제나 발포제, 스프레이나 소화기의 분무제 등으로 사용된다.
사염화탄소 메테인의 수소원자 4개를 염소로 치환한 화합물로서 정사면체 구조이며 오존층 파괴물질로 알려져 있다. 유지류 용제, 소화제, 훈증제, 살충제 등에 사용한다.

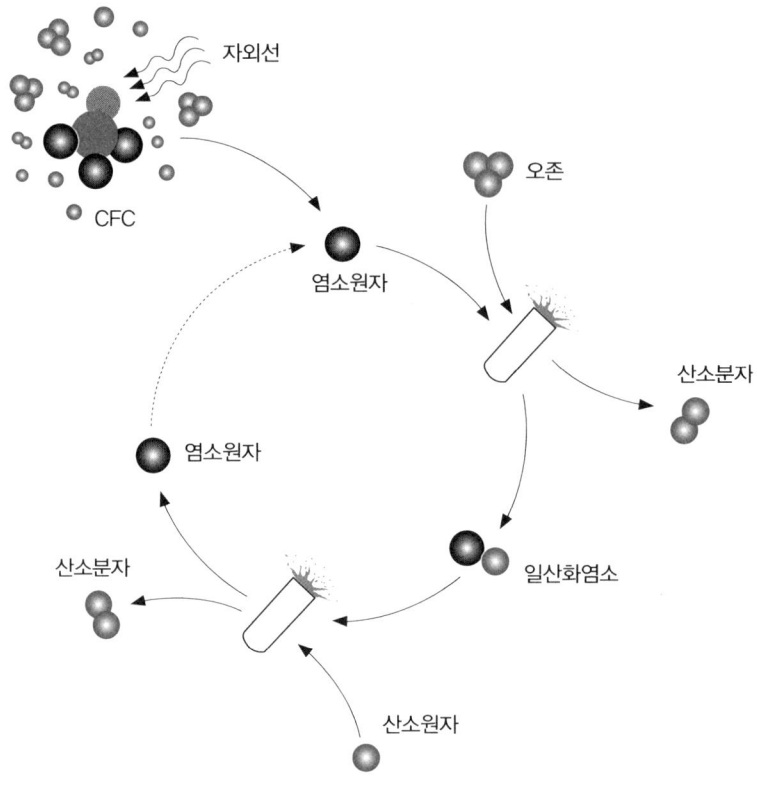

염화불화탄소CFC의 오존층 파괴 사이클
출처 : www.chemistory.go.kr/csu/UPLOAD_...7406.jpg

 탄소-염소 간의 결합보다 탄소-브롬 간의 결합이 더 약하기 때문에 브롬 원자로 분해되기 쉬워 할론가스의 오존파괴지수ODP: Ozone Depletion Potential[54]가 프레온 가스보다 최고 10배 정도 큰 것으로 판명되어 대기오염 규제가스에 포함될 수밖에 없었다. 오존파괴지수는 한 화합물질의 오존 파괴 정도를 숫자로 표시한 것으로 염화불화탄소 등이 오존층 파괴 원인물질로 알려지고 있으며 이 숫자가 클수록 오존 파괴 정도가 크다는 의미다.

일반적으로 삼염화불화탄소CFCl3의 오존 파괴 능력을 1로 보았을 때 상대적인 파괴 능력을 나타내고 있다. 그리고 메틸클로로포름은 전자부품 세척용 CFC 대체물질로 각광받던 물질이었다. 그러나 이조차도 메틸기로 인해 탄소와 염소 간의 결합력이 약화되어 염소 원자로 분해되기가 쉽고 따라서 CFC보다 오존 파괴력이 더욱 큰 것으로 판명되어 관계자들을 경악하게 하였다.

이와 같이 쉽게 파괴되는 오존층을 보호하기 위해 전 세계는 CFC 대체물질을 개발하는 데 큰 노력을 기울이고 있다. 대표적인 것으로는 HFChydrofluorocarbon와 HCFChydrochlorofluorocarbon를 들 수 있다. 이들은 분자 내에 수소를 포함하고 있기 때문에 기존의 CFC와는 달리 비교적 쉽게 분해가 일어나지 않는다. 그러므로 HCFC의 오존파괴지수는 프레온 가스의 1/10 이하이고, HFC는 염소를 포함하고 있지 않기 때문에 오존층을 파괴하지 않는다. 또한 소화기에 사용되는 할론도 오존파괴지수가 3~10에 달하고 있어 이너젠Inergen 가스로 대체하는 노력이 진행 중이다.[55, 56] 이너젠 가스는 오존파괴지수가 0이며, 질소, 아르곤, 탄산가스가 혼합된 기체로서 포유류, 특히 인명의 안전에 전혀 지장이 없을 뿐만 아니라 화재 상황에서도 어떤 유독한 열 부산물도 생성하지 않는다.

이처럼 우리는 앞으로도 오존층을 보호하기 위하여 더 많은 노력을 기울여야 한다. 어떤 획기적인 대안들이 탄생할지 자못 기대된다.

인간과 가까운 지표상에서는 해로운 오염물질인 줄 알았던 오존이 저 멀리 높은 곳에서는 인류를 보호해주는, 그래서 우리도 보호해주어야 할 존재라니 참 기막힐 노릇이다. 어떤 사물에 대해 한쪽 면만 보지 말고 두루두루 살펴보아야 한다고 일러주는 듯하다. 잘못 생각했거나 널리 보지 못하여 실수를 하고 있지는 않은지 한 번쯤은 되돌아보아야 한다는 가르침을 주고 있는 것이다.

그러고 보니 내 인생에서도 그저 나를 괴롭히는 존재로만 여겼던 사람이 다른 면에서 바라보았을 때 내게 얼마나 큰 도움이 된 사람이었는지를 깨닫고 화들짝 놀란 적이 있다. 정작 당사자와 가까이 있을 때는 몰랐는데 오랫동안 개인적으로 만나지 않고 있을 때 깨달았으니 참으로 오존 같은 경우가 아닌가.

초등학교 5학년 때 우리 반에는 공부 잘하고 키가 큰 여학생이 있었다. 그 아이는 아버지가 일찍 돌아가셔서 어머니가 생계를 책임지느라 그 친구네 집에 가면 늘 어머니 역할을 하는 큰어머니가 반겨주시곤 했다. 치맛바람이 심한 건 예나 지금이나 마찬가지지만 그래도 지금은 예전보다 교사의 권위가 많이 약화된 것은 사실이다. 당시에는 선생님의 권위가 막강해서 선생님께 잘 해드리지 못한 집의 자녀들은 상대적으로 억울한 핍박을 당하곤 했다. 당시 그 아이의 어머니가 여간해서는 학교에 찾아오실 수가 없었기에 그 아이는 담임선생님에게 굉장한 수모를 당했다는 얘기를 나중에 들었다. 그 담임선생님은 교육자로서 어떻게 어린 제자에게 그렇게 할 수 있었을까? 그러니 그녀 입장에서는 세상이 원망스러웠으리라.

항상 불만에 차 있는 것 같은 그 애 앞에서 나는 죄지은 것도 없이 주눅이 들곤 했다. 내가 개중에 어수룩하고 만만해선지 그 아이는 다른 아이들 앞에서 내가 듣고 있는 줄 알면서도 나를 가리키며 엄마 없으면 아무 것도 못하는 애라고 말했는데, 그 말이 사실이기도 했기에 나는 더 크게 상처를 받았다. 그러니 내 마음 저 밑에서는 늘 분노가 꿈틀거렸다. 하지만 나는 그 애가 어려움을 호소할 때마다 도와주었는데 그건 내가 착해서가 아니라 감히 대항을 못해서였다. 그래도 정말이지 마음 한편으로 측은지심을 품은 적도 꽤 있었다.

그 애와 나는 6학년 때도 같은 반이 되었는데 우리의 관계는 같은 방식으로 계속되었다. 그리고 우리는 나란히 같은 중학교에 합격하였다. 당시에는 중학교에 입시를 치르고 들어갔는데 그 경쟁이 매우 치열했다. 지금 생각하면 그 아이가 참 대단하다. 나는 서울대학교 다니던 가정교사 언니의 도움을 받아가며 공부하고야 가능했는데, 그 아이는 혼자 해냈으니 말이다.

중학교에 입학하자, 나는 부모님의 공부에 대한 간섭으로부터 완전히 해방되었다. 그 대단한 중학교에 들어간 것 하나가 나를 무능한 사람에서 갑자기 무엇이든 해낼 수 있는 사람으로 바꾸어놓은 듯했다. 그러나 의뢰심이 강한 내가 무엇을 혼자 해낼 수 있었을까. 어떻게 공부해야 하는지도 몰랐고, 공부하란 잔소리를 안 듣게 되니 학교에서나 집에서나 불안하긴 하면서도 잘됐다 싶어서 공부는 않고 가끔 책을 읽거나 놀면서 시간을 죽였다.

그렇게 1년을 지내고 학년 말이 되었을 때, 그 친구는 내게 성적이 어떻게 나왔느냐고 물었다. 형편없는 성적이 부끄럽긴 했으나 이실직

고하니 그녀는 의기양양하게 자기는 반에서 3등을 했다며 "예전에 잘한 것은 역시 다 네 엄마 덕이었구나." 하는 것이었다. 정신이 버쩍 들었다. 어찌나 충격적이었는지 부모님에게 공부 못했다고 야단맞은 것은 그에 비하면 아무 것도 아니었다. 난 그때부터 공부에 매진하기 시작했다. 그녀의 그 한 마디가 내 자존심에 불을 질렀던 것이다.

당시에는 그렇게도 마음이 아팠지만 지금 생각하면 그 친구에게 고맙고도 미안하기 그지없다. 고마운 것은, 그후로도 그 친구의 말을 채찍 삼아 나를 끌고 갈 수 있었고, 그 덕분에 현재의 내가 되었구나 싶어서다. 또 미안한 것은, 그때는 '얘는 왜 나만 보면 이렇게 못살게 굴까?' 하는 생각밖에 안 들었지만 이제 와서 그녀의 눈으로 나를 바라보니 정말 화가 나고 약이 오르기도 했겠기 때문이다. 또 그 어린 나이에 얼마나 부럽고 억울하고 상처를 깊이 받았으면 내게 그랬을까 이제야 이해가 된다. "너 같은 애는 부모 잘 만나서 갖은 좋은 것 다 누렸으니 그만큼이라도 했지, 내가 네 부모 밑에 있었더라면 훨씬 더 잘했을 거다." 하는 말을, 내가 그 입장이라도 가슴 속에 아니, 입에 항상 달고 살았을 거다. 그러나 역시 영특한 그녀는 다행스럽게도 그 어려움을 다 극복하고 나와 같은 대학교까지 나왔고 유복한 사람과 결혼하여 지금은 잘 살고 있다고 들었다.

얼마 전에 미국에서 박사학위를 받고 그곳에 취직해 있는 한 친구가 국내에 다니러 왔다. 그 친구는 정말 항상 열심히 공부하던 친구로 중학교 2학년 때 한 반이 되고부터 서로 친하면서도 경쟁심을 불태우던 사이였다. 그녀는 내가 공부를 잘하게 된 것이 자기를 이기려고 노력한 덕이 아니냐고 하기에 그래도 1등 공신은 따로 있다고 말해주었다.

사실을 말하자면 앞의 친구가 나를 정신차리게 해주었다면 미국에서 온 친구는 나의 그 정신이 계속해서 뜨겁게 타오르도록 해주었다.

어디 고마운 게 그들뿐이겠는가. 그 시절 내가 우리 집 서가에 가득한 책을 갖다주면 그걸 후딱 읽고 줄거리를 내게 다 얘기해주어 책 읽을 흥미를 돋워준 친구, 항상 인생관과 생활관이 뚜렷하여 내가 존경할 수밖에 없는 내게 글을 쓰라고 독려해준 친구, 내가 힘들어할 때 많은 위로를 준 수많은 동창생들과 동료들, 동네 성당에서 만나 깊은 우정을 나눈 젊은 친구들…. 그러고 보니 지금의 나는 혼자 힘으로 된 것이 아니었다.

친구들아, 모두들 너무 고맙다. 나이 들어가면서 서로 더욱 아끼며 살자! 그리고 나의 직장인 학교에서 만나거나 그로 인해 가까워지면서 많은 도움을 주신 동료 교수님들, 그 중에서도 친언니보다 더 내게 깊은 신뢰를 보내주신 교수님, 그리고 연구와 산학협동에 도움을 주신 유 박사님과 지사장님께도 항상 감사하는 마음이다.

Chemical Bond

_ 원자 또는 원자단의 집합체에서 그 구성원자들 간에
작용하여 이를 하나의 단위체로 간주할 수 있게
하는 힘, 또는 결합 단위체

> 두 사람의 개성의 만남은 두 가지 화학물질의 접촉과 같다. 반응이 있으면 둘 다 변화한다.
> —융

화 학 결 합

서로 이해하며
함께 손잡는
공유결합 같은
인간관계를 지향하며

　　　　　　화학결합이라고 하면 매우 딱딱하고 어려운 말 같지만 사실 우리가 살고 있는 이 세상에서 만나는 그 어떤 것도 화학결합으로 이루어지지 않은 것이 없다. 우선 숨 쉬는 데 필요한 공기의 주성분인 산소와 질소는 물론이요, 자연 속의 흙, 나무들, 우리가 먹는 음식물, 가정에서나 사무실에서 보는 여러 가지 가전기기들이나 매일 같이 손에서 놓지 못하는 휴대폰을 만드는 소재들, 의약품, 화장품, 아니 당장 우리 몸을 이루고 있는 DNA 등 이 모든 것 안에 화학결합이 포함되어 있다. 그런데 화학결합에는 어떤 종류가 있을까?

　너는 금속, 나도 금속
　너와 나는 모두 전자를 잃어야 안정되는 운명
　우리는 금속결합

너는 비금속, 나도 비금속

너와 나는 모두 전자를 얻어야 행복해지는 운명

너도 내놓고 나도 내놓고 우리 함께 소유하게 되었네.

우리는 공유결합

너는 금속, 나는 비금속

너는 전자를 잃어야 안정되고 나는 전자를 얻어야 행복해지는 운명

너는 내놓고 나는 얻으니 황홀한 결합으로 그 힘도 강하네.

우리는 이온결합

금속과 비금속

너와 나는 다르지만

저마다 신이 내려준 자연법칙을 따르니

내놓아도 얻어도 온 세상에 행복한 운명을 가져온다네.

 대한화학회 홈페이지[57]에서 본 이 시는 화학결합에 관해 아름답고도 명쾌하게 설명하고 있다. 어떤 면에서는 감동을 주기까지 한다.

 금속은 주기율표에서 보듯이 1, 2, 13족의 원소들로서 최외각에 있는 전자수가 적어서(1~3) 전자를 잃기 쉬우며, 그렇게 됨으로써 비활성 기체의 전자배치를 얻어 안정하게 된다. 그러므로 금속결합은[58] 3차원의 격자 모양으로 되어 있는 금속의 양이온들과 그 사이에 고르게 퍼져 있는 최외각에서 나온 자유 전자들 사이의 정전기적인 인력으로 이루어져 있으며 이를 자유전자들이 양이온들 사이에서 전자의 바다를

이룬다고 표현하기도 한다. 이 자유전자 때문에 금속은 높은 전기전도도와 열전도도를 갖는다. 또한 금속은 높은 연성延性, ductility과 전성展性, malleability이 있어 금속 물질이 끊어지지 않게 하는 강도를 지니게 한다. 연성은 금속을 가늘고 길게 뽑아낼 수 있는 성질이고 전성은 얇고 넓게 펼칠 수 있는 성질을 뜻한다.[59] 이러한 성질 때문에 목걸이, 귀고리, 반지 등의 장신구를 비롯해서 식기 등 여러 가지 모양을 만들 수 있다. 그러나 금속은 전체적으로는 중성이고, 금속 양이온과 전자 사이에 결합하는 힘은 매우 크기 때문에 녹는점과 끓는점이 높은 경우가 많고 광택이 있다.

공유결합은 두 원자가 하나 이상의 전자쌍을 공유할 때 생긴다.[60] 둘 이상의 원자가 공유결합으로 이어지면 분자를 이룬다. 공유결합은 가장 간단한 수소 분자로부터 탄소동소체를 포함하여 유기화합물, DNA에 이르기까지 가장 광범위하게 적용되는 결합이다.

원자들 간의 상호작용은 한 원자 속에 있는 원자핵의 양전하와 전자의 음전하가 다른 원자의 그것들과 정전기적인 힘에 의해서 같은 전하끼리는 서로 밀어내고 다른 전하끼리는 서로 당김으로써 일어난다. 수소 분자H_2의 수소-수소 결합을 만드는 반응에서는, 전자 1개를 가지고 있는 수소 원자 2개가 만나고 있다. 언뜻 보기에는 전자들끼리 만나게 되면 서로 반발할 것 같지만, 이는 양전하를 띠는 수소 원자핵을 간과했기 때문이다. 이들이 서로 가깝게 접근하게 되면 전자끼리의 반발력도 물론 커지지만, 다른 원자의 원자핵이 끌어당기는 인력이 더 커지게 된다. 그러나 더 가까워지면 이번에는 원자핵들끼리의 반발이 커지기 때문에 원자들은 반발력과 인력이 균형을 이루는 거리에서 수소 분자를 형성한다. 이 거리를 핵간 거리 또는 결합 길이라 한다. 여기서 수소 원자는 각각 2개의 전자를 다른 원자와 함께 공유하기에 공유결합이라 하며 전자 2개는 단일 결합(H-H)을 형성한다.

수소와 산소의 반응에서는 옥텟 규칙을 만족하여 안정해지므로 수소 원자 2개와 산소 원자 1개가 반응한다고 이미 설명했다. 수소와 산소는 전자를 공유함으로써 최외각의 전자가 모두 채워졌다. 그런데 수소 분자의 경우에는 전자쌍들이 모두 결합에 쓰였지만, 물 분자의 산소 원자에는 결합에 참여한 2개의 전자쌍 외에도 참여하지 않은 전자쌍 2개가 있다. 이들을 각각 결합전자쌍bond pair과 고립전자쌍lone pair[61]이라 부른다. 이 고립전자쌍은 다른 원자와 공유하지 않는 전자이기 때문에 아무래도 두 원자 사이에 끼어 있어야 하는 결합전자쌍보다는 자유로우므로 그 사이즈가 더 커서 분자의 구조에 영향을 많이 미치게 된다. 이에 관해서는 뒤에 전자쌍 반발이론에서 더 이야기할 것이다.

한편, 산소 분자(O_2)는 고립전자쌍 외에도 특이한 것이 있다. 산소 원자와 산소 원자 사이에 전자가 4개, 즉 2개의 결합 전자쌍을 가지고 있어 이중결합($\ddot{O}::\ddot{O}$, $O=O$)을[62] 이룬다는 점이다. 질소 분자(N_2)는 각 원자가 전자 3개씩 내놓아 3중 결합($:N\equiv N:$)을 하고 있다. 이처럼 분자를 전자나 직선을 사용하여 표시한 구조식을 **루이스**Lewis**의 전자식**[63]이라 한다.

앞에서 본 바와 같이 두 원자가 결합할 때 한 원자가 하나씩의 전자

루이스 점전자식Lewis electron-dot formula 원소기호 둘레에 원자가 전자를 점으로 나타낸 것으로, 결합에 참여한 전자와 결합에 참여하지 않은 전자가 드러나도록 표시한 화학식이다.

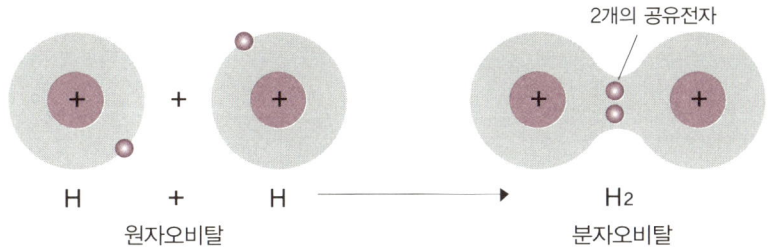

수소의 공유결합

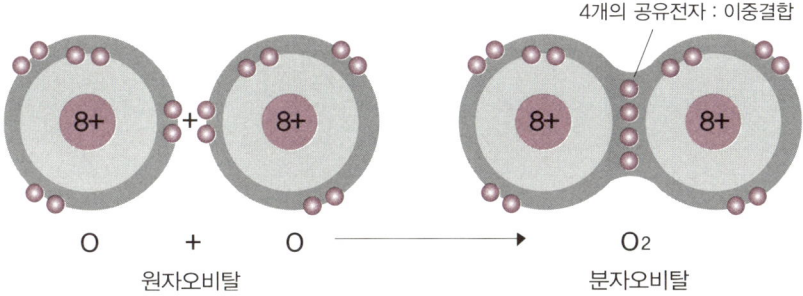

산소의 공유결합

를 내놓아 공유하는 것을 공유결합이라 한다면, 한쪽 원자에서 한 쌍을 모두 내놓고 다른 원자는 받기만 하면서 그 전자 한 쌍을 둘이 함께 공유하는 형태를 배위결합이라고 한다.[64] 보통 전이금속원소와 고립전자쌍을 가지는 비금속원소, 또는 그들로 만들어진 분자와 결합할 때 볼 수 있는 결합 형태다. 예를 들면 전이금속원소인 구리$_{Cu}$과 암모니아 분자 6개는 정팔면체 모양의 착이온 $[Cu(NH_3)_6]^{2+}$를 만드는데, 이때 암모니아$_{NH_3}$ 분자의 질소에 있는 고립전자쌍을 구리 원자에 주어 결합이 이루어지므로 그들 사이의 결합을 배위결합이라고 한다. 화학적으로는 배위결합과 공유결합은 같은 성질을 가진다.

마지막으로 이온결합은[65] 전자를 잃기 쉬운 금속 원소(1, 2, 13족)와 전자를 얻음으로써 안정되는 비금속 원소(16, 17족) 사이의 결합을 말하는데, 양이온과 음이온 사이에 정전기적인 인력의 작용으로 그 결합이 모든 종류의 결합 중에서 가장 강하므로 녹는점, 끓는점이 매우 높다. 이온결합도 배위결합처럼 한쪽은 전자를 내놓고 다른 쪽이 전자를 받지만 그 전자들을 공유하지 않는다는 점에 차이가 있다. 전자를 자기 쪽으로 끌어당기는 힘을 전기음성도 electronegativity[66]라 하는데, 결합하는 두 원자의 전기음성도 차이가 클수록 이온결합 화합물을 생성하게 되고 그 차이가 작으면 공유결합 화합물이 생성된다. 같은 주기에서는 오른쪽으로 갈수록 증가하고, 같은 족에서 아래로 내려갈수록 감소한다. 원소들 중에서 전기음성도가 가장 큰 F원자의 값을 기준으로 하고 그와 비교하여 다른 원자들의 값을 정하였다. 이온결합 화합물로 우리 생활에서 가장 쉽게 볼 수 있는 것은 원자의 구조에서 설명한 바 있는 소금 $NaCl$, 그리고 겨울에 눈이 오면 길에 뿌리는 염화칼슘 $CaCl_2$ 등이 있다.

많은 이온결합 화합물은 물에 잘 녹는 성질이 있다. 이들은 물에 녹으면 분자 상태로 존재하지 않고 그 결합이 끊어져 각 성분 이온으로 해리되며 수용액에서 전기를 통하게 해준다. 즉 $NaCl$의 경우에는 수용액에서 Na^+와 Cl^- 이온으로, $CaCl_2$는 Ca^{2+}와 Cl^- 이온으로 각각 존재한다. 그러나 공유결합 화합물은 수용액이나 다른 용매에서도 그 결합이 끊어지지 않는다.

지금까지 화학결합에 대해 살펴보면서 내내 드는 생각은, 그 결합의 성격이 어쩌면 그렇게도 인간관계에 잘 적용될까 하는 것이다. 어떤 면에서는 얼마나 잘 들어맞는지 기가 막힐 정도다.

금속결합은 남자 또는 여자끼리 동성의 친구관계에 비유할 수 있다. 남자나 여자끼리는 아주 가까운 친구가 될 수 있다. 가끔 싸우기는 해도 함께 편하게 지낼 수 있고 함께 어딜 가도 부담 없는 편한 사이다. 그렇지만 한편으론 무언가 안정되지는 못한 느낌이 든다. 인간의 속성은 외로움이라 비록 짝을 찾는다고 해서 그 외로움이 다 해소되는 것은 아님에도 끊임없이 짝을 찾아 헤매는 모습이, 전자를 잃어 양이온이 된 금속들이, 자기들끼리 손잡고 있으면서도 자유롭게 돌아다니는 그 잃어버린 전자들과 1대1로 만나고 싶어 애타게 바라보고 있는 형국과 비슷하지 않은가?

공유결합은 또 어떤가? 남자와 여자가 서로 손에 손을 잡고 있는 모양이다. 그것도 매우 평등한 모습으로. 그리고 공유결합 길이는 각 원자의 반지름의 합보다 더 작다. 수소 분자의 결합 길이는 반지름 길이의 두 배가 아니라 둘이 30% 이상이 겹쳐 있는 셈이다. 얼마나 정겨운 모습인가? 그리고 한쪽의 원소가 자기 쪽으로 전자를 끌어당기는 힘, 즉 전기음성도가 다른 원자보다 클 때는 결합이 극성極性을 띠게 되는데, 그 결합의 세기는 같은 원소들끼리의 결합보다 강하다. 그것은 마치 한쪽이 기운이 없을 때 다른 쪽의 도움으로 힘을 얻게 되면서 더욱 애틋해지는 남녀 간의 사랑 같다.

요즈음은 여자가 남자에게 먼저 다가가는 경우도 많아졌지만, 대체로 남자가 여자에게 처음으로 구애를 할 때는 남자는 여자가 원하는 것을 다 들어준다. 배위결합이다. 이 공유결합이나 배위결합은 물이나 다른 용매에 들어가도 끊어지지 않는다. 세상을 살아가며 즐거움뿐 아니라 고통까지 함께 나누고 그들이 했던 결심이나 결정이 불행한 결과를 낳게 되었더라도, 상대방의 탓으로 돌리기보다는 그럴 수도 있다며 함께 손을 잡고 겪어내는 모습을 연상시킨다. 부부가 함께 생활하다 보면 어쩔 수 없이 상처를 주고받게 된다. 그러니 상대방의 단점보다는 장점을, 섭섭함보다는 고마움을 발견하고 서로 어깨를 다독여주는 노력이 필요하다.

이온결합은 전자를 한쪽에서 내어주어 양전하를 띠고 다른 쪽은 일방적으로 받기만 하여 음전하를 띠므로 이들의 정전기적 인력 때문에 그 어느 결합보다도 강하다. 그런데 신기한 것은 이들이 물에 들어가면 언제 그랬냐는 듯 결합이 끊어져 양이온과 음이온으로 각각 존재한다는 점이다. 소금의 화학식은 NaCl이지만 수용액에서는 Na^+ 이온과 Cl^- 이온으로 분리된다.

부모자식 간이나 형제자매 간의 관계야말로 이온결합처럼 될 때 가장 이상적인 관계가 이루어진다. 부모는 자식이 성장할 때까지는 아낌없이 사랑을 듬뿍 주고 그 자식이 성인이 되면 아무 미련 없이 떠나보내야 한다. 형제도 마찬가지다. 결혼하고서도 마치 자신의 소유물인 것처럼 시시콜콜 자식이나 형제자매의 일에 간섭하거나, 어쩔 수 없는 경우를 제외하고는 서로 심하게 의존하는 일이 없어야 한다. 혹시라도 도움을 주고받을 수밖에 없는 경우라도, 준 사람이 받은 사람의 인격을 훼손하는 일이 있다면 도와주지 않느니만 못할 것이다.

그런데 요즈음에는 이 사실을 일부 젊은이들이 악용하는 경향이 있다. 자신들은 부모로부터 '간섭 받지 않는 독립'을 원하면서도 그때까지 키워주고 교육시킨 부모로부터 '경제적인 독립'은 하려 하지 않는다. 부모가 여력이 있다면야 자식이 어려울 때 돕는 것이 좋은 일이지만, 끝까지 무조건 책임져야 하는 의무는 아니다. 성인으로 인정을 받으려면 성인 노릇을 해야 한다. 일단 결혼하겠다고 마음먹었다면 모든 것을 자신들이 책임지겠다는 의지도 마땅히 함께 가져야 할 것이다. 그들의 부모는 대부분 가난한 가운데 부모님들을 모셨고 자식들을 키웠기에 고생을 할 만큼 한 사람들이다. 자식들이 결혼하고서도 부모에게 의존한다면 너무 가혹하지 않은가. 부모도 자식들이 소유물이 아니기에 그들 인생의 계획에 끼어들어 좌지우지하지 않고 잘 떠나보내야 하고 자식들도 홀로 서서 부모를 잘 떠나가야 한다. 그래야 좋은 관계를 지속할 수 있기 때문이다.

형제자매도 마찬가지다. 형제끼리 서로 돕는 일이 물론 아름다워 보이지만, 때로는 도와주는 일이 오히려 상대방의 의존심을 키우는 역효과가 있다는 데 주의해야 한다. 주위 사람들은 상대방이 너무 의존하고 있음을 다 아는데도 계속 도와주는 경우도 있다. 이때 도와주는 사람은 사랑에서 한 것이라고 착각하지만, 실제로는 오히려 그 상대가 홀로 설 힘을 점점 더 잃어버리게 만들고 있는 것이다. 상대방이 원한다고 해서 무조건 해주는 것이 그를 위하는 것이 아니며 진정으로 무엇이 최선인지를 다시 생각해보아야 할 것이다. 아이가 초콜릿을 사달라며 울어댄다고 이가 나빠질 줄 알면서도 계속 사주는 부모 형제가 되어서야 쓰겠는가. 버리기가 도와주기보다 더 힘들다는 건 바로 이런 경우를 두고 하는 말이다.

한편 남녀 간의 사랑이 이온결합과 같다면 곤란하다. 특히 옛날 신파 영화에는 남자의 성공과 출세를 위하여 여자 혼자 온갖 희생과 고초를 다 참고 견디건만 막상 남자가 출세를 하면 자신을 뒷바라지했던 여자를 헌신짝 버리듯 떠나버린다는 이야기가 많았다. 비단 그런 사례가 옛날에만 있었던 일은 아닌 모양이다. 요즈음에도 주위 젊은 연인들에게서 종종 듣곤 하니 말이다.

내가 아끼는 제자 중에 포용력 있는 성격으로 선후배 사이에서도 평판이 좋을 뿐 아니라, 대학원 시절에는 좋은 실험 결과가 나오면 언제라도 알리라 했더니, 한밤중에 들뜬 목소리로 그 결과를 알릴 정도로 나를 따르며 자신의 일에 열성적이었던 청년이 있다. 지금 다니는 회사에서도 적극적인 업무 능력을 높이 인정받고 있어 어느 모로 보나 1등 신랑감으로 손색이 없는 인물이다. 그의 후배인 여자 친구 또한 멋있고 성격 좋다는 말을 듣고 있었기에 누가 봐도 아주 잘 어울리는 한 쌍이었다. 두 사람이 3년쯤 사랑을 잘 키워가는가 싶었는데, 어느 날 헤어졌다는 가슴 아픈 이야기를 들었다.

그가 얼마나 그녀를 좋아했는지를 잘 아는 나로서는 어찌나 큰 충격이었는지 눈물까지 났다. 그녀 이야기만 나오면 자기도 모르게 입가에 웃음을 감추지 못하던 녀석이었는데…. 헤어지게 된 저간의 사정은 그들만이 알겠지만 아마도 한쪽에서 너무 주기만 했던 것이 그 이유가 아닌가 하는 생각이 든다. 곁에서 볼 때, 그는 그녀가 어려워하는 강의 내용을 정성껏 가르쳐주었고, 객지 생활을 하는 그녀가 편하게 지낼 수 있도록 물심양면으로 보살펴준 것으로 알고 있기 때문이다. 물론 여우와 두루미의 이야기처럼 상대방이 원하는 방식보다 자신이 원하는 방식으로 해준 것인지는 알 수 없는 일이다.

결국, 남녀 간의 사랑은 '나중에 알아주겠지' 하는 생각으로 자신을 죽여가며 너무 한쪽에서만 희생할 일은 아닌 듯하다. 그렇게 지내는 기간이 길어질수록 희생은 당연시되고 고마움보다는 자신이 상대로부터 받은 상처만 더 크게 생각하기 마련인 게 또한 사람의 마음이기도 하기 때문이다. 또 어쩔 수 없이 한쪽이 희생을 해야 할 경우라면 다른 쪽에서는 고마운 마음의 표현이라도 열심히 해야 할 것이다.

고슴도치가 혼자 살기는 너무 외롭고 함께 살자니 뾰족한 가시 때문에 괴로운 이치와 마찬가지로 사람도 함께 살다보면 상처받기 마련이다. 외로움을 팔아 상처를 사는 셈이다. 상처는 어느 한쪽만 주는 것이 아니라 자아가 있기에 쌍방에서 같이 줄 수밖에 없다. 그러나 대체로 더 많이 사랑하는 쪽에서 용서를 청하게 되어 있고, 덜 사랑하는 쪽에서는 용서하기가 어렵다. 나 자신을 객관적으로 바라보는 습관을 들임으로써 나의 불완전함 때문에 상대방도 얼마나 힘들어 하는지를 알 수 있으면 좋겠다. 그렇게 완전해서가 아니라 불완전함에도 불구하고 서로를 보듬어 안을 때 그 관계는 이어질 것이다.

남녀 간에는 이와 같이 서로 주고받으며 어떤 상황에서도 갈라지지 않는 공유결합 같은 사랑을 하는 게 가장 이상적이 아닐까. 어찌 남녀 간의 사랑뿐이랴. 이념을 뛰어넘고 서로 이해하며 함께 손을 잡는 공유결합이야말로 모든 인류에게 가장 필요한 에센스라 하겠다.

Solution
_한 물질이 기체나 액체 등 다른 물질에 균일하게 섞여서
  한 개의 상을 이룬 혼합물

내가 더 멀리 볼 수 있었던 이유는 위인들의 어깨에 의지하고 있었기 때문이다.

―뉴턴

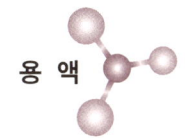

용액

우리 모두는
다르다
있는 그대로
상대를 인정하라

우리가 아침에 눈을 뜨면서부터 처음 만나는 용액solution은 무엇일까? 공기다. 공기를 이렇게 화학용어를 사용하여 말하면 고개를 갸우뚱하겠지만 용액이란 단순히 한 물질이 기체나 액체 등 다른 물질에 균일하게 섞여서 한 개의 **상**狀, phase을 이룬 혼합물을 말한다.[67]

상에는 기체, 액체, 고체 상태의 세 가지가 있고 따라서 용액도 세 가지의 상으로 존재한다. 예를 들면, 공기는 기체 상태의 용액이고, 설탕을 물에 녹인 설탕물, 커피, 홍차 등은 액체 상태, 놋쇠 같은 합금은 고체 상태의 용액이다. 용액의 대부분을 이루는, 용액의 매체가 되는 물

상 어떤 물질이 어느 부분에서건 물리적·화학적으로 같은 성질을 나타낼 때를 표현하는 것이다. 기체상, 액체상, 고체상이 존재하고, 하나의 상으로 이루어지는 균일계와 2개 이상의 상으로 이루어지는 불균일계로 나뉜다.

질을 용매溶媒, solvent라고 하며, 용매에 섞여 들어가는 물질을 용질溶質, solute이라고 한다. 용질이 용매에 섞여 들어가는 현상을 용해溶解라 하는데 완전히 섞인다는 것은 두 가지 물질을 어떤 비율로 섞어도 녹는다는 것을 의미한다. 어떤 물질의 용매에 대한 용해도를 아는 일은 반응을 진행시키는 데 매우 중요하다. 반응물을 전혀 녹이지 못한다면 그 반응이 진행되지 못하기 때문이다.

레오나르도 다빈치는 기계공학, 해부학, 건축학, 기하학, 생물학, 천문학 등 많은 분야를 섭렵한 천재였지만, 바로 이 용액에 관한 화학 지식이 부족하여 그의 그림은 현세에까지 문제가 되고 있다. 그의 유명한 그림, 〈최후의 만찬〉은 유화와 **템페라 기법**을 혼합하여 그렸는데, 템페라에 사용하는 달걀노른자는 수분을 거의 50% 이상 함유한 **에멀션**으로 기름인 유화와 섞이면 둘 사이에 수지균형이 깨어져 상분리가 일어날 수밖에 없기 때문이다. 그래서 심한 **박락 현상**으로 수세기 동안 보수에 보수를 거듭하다가 마침내 1980년대부터 대 복원 작업을 해야 했다.

반면에 유화의 창시자로 알려진 플랑드르의 얀 반 에이크Jan van Eyck는 식물성 아마인유를 이용하여 정교한 붓질이 가능한 유화기법을 완성했다. 아마인유는 불포화지방산으로 상온에서 액체 상태다. 이것이 시간이 지나면서 불포화기가 서로 다리를 놓아 얼기설기 섞이듯 가교

템페라 기법 계란이나 아교질·벌꿀·무화과나무의 수액 등을 용매로 사용해서 색채가루인 안료와 섞어 물감을 만들고 이것으로 그린 그림이다.
에멀션 우유처럼 액체가 다른 액체에 콜로이드 상태로 퍼져 있는 용액이다.
박락 현상 돌이나 쇠붙이에 새긴 그림이나 글씨가 오래 묵어 긁히고 깎여서 떨어지는 현상이다.

〈아르놀피니의 결혼식〉, 얀 반 에이크
1434, 영국 런던 국립미술관

〈최후의 만찬〉, 다빈치 11495~1498, 이탈리아 밀라노 성 마리아 성당

架橋 결합을 하며 굳어져 단단한 도막圖膜을 형성하는데, 이 점을 이용하였기에 그의 그림은 오랫동안 색채를 잃지 않고 견고하다. 다빈치보다 50년이나 앞서 이 기법을 사용했다는 것을 보면 다빈치가 화학에 관심이 없었던 건 확실해 보인다.[68]

이 용액이 되는 혼합과정에는 두 가지 요인이 작용하는데 하나는 무질서하게 되려는 경향이고 다른 하나는 용질과 용매 분자 간의 인력의 세기다.[69] 용해의 과정에서는 용매 분자 사이에 용질 분자가 들어감으로써 용매 분자 간, 또는 용질 분자 간의 거리가 늘어나고 따라서 자기들끼리의 인력이 작아져서 무질서도가 증가하게 된다. 뒤에서 엔트로피entropy를 다룰 때 더 자세히 설명하겠지만, 자연은 무질서도가 증가하는 방향으로 진행하려는 경향이 있기 때문에 다른 종류의 순수한 분자들이 섞여서 용액 상태로 될 수 있는 것이다.

그런데 이들이 섞일 때 용매–용매 간 인력, 용질–용질 간 인력 그리고 용매–용질 간의 인력의 크기가 중요하게 영향을 미친다. 즉 기체의 경우는 어떤 분자라도 분자끼리 멀리 떨어져 있어서 인력이 작기 때문에 서로 다른 기체 분자들끼리 자유롭게 혼합하여 쉽게 기체 용액을 만든다. 한편, 분자 간 인력이 존재할 때는 용질 분자의 인력과 용매 분자의 인력의 차이가 작을 때면 잘 섞일 수 있다. 이렇게 분자 간 인력에 따라 물질의 물리적 성질이 달라지며, 그 힘은 분자 내 원자들 간의 인력, 즉 화학결합보다는 훨씬 작다.

분자 간 인력이 큰 분자는 끓는점이나 녹는점이 높아지며, 상대적으로 다른 분자들과 섞이기가 쉽지 않다. 물질이 끓거나 녹을 때, 그리고 다른 분자와 섞이기 위해서는, 분자들이 멀리 떨어져야 하므로 분자

간 인력이 크면 그 과정이 힘들어지기 때문이다. 그런데 분자 간 인력이 클 때에도 완전히 섞일 수 있는 경우가 있다. 물H-OH과 알코올R-OH을 생각해보자. 이 두 액체는 수소 결합[70]을 하고 있기 때문에 자기 분자들 간의 인력이 크지만 또 상대방의 수소 결합에도 참여함으로써 잘 섞일 수 있다. 수소 결합이란 산소가 자신의 분자 내에 있는 수소와 결합하는 것 외에 다른 분자의 수소와 이루는, 화학결합보다는 약하나 다른 분자 간에 이루는 상호작용 중 비교적 강한 결합을 말한다. 여기서는 물의 산소 원자가 알코올의 수소 원자와 결합함으로써 섞인다는 뜻이다.

$$\begin{array}{c} \text{H}-\text{O}-\text{H(물)} \\ (\text{수소 결합}) \rightarrow \vdots \\ \text{H}-\text{O}-\text{R(알코올)} \end{array}$$

이번에는 분자 간 인력이 훨씬 약한 반데르발스 힘van der Waals force[71] 또는 **런던 분산력**London dispersion force에 기인하는 두 비극성 액체인 사염화탄소CCl_4와 벤젠C_6H_6을 생각해보자. 반데르발스 힘은 비극성 분자들의 상호작용에 의해서 존재하는 인력을 말한다. 사염화탄소와 벤젠 분자 간의 인력은 사염화탄소 분자 내, 또는 벤젠분자 내의 인력과 거의 같다. 같은 분자 내의 인력과 서로 다른 분자 간 인력이 거의 같으므로 이 두 액체에는 더 우세한 인력이 없다. 그러므로 두 물질을 혼합하면 완전히 섞일 수 있다. 이와는 반대로 벤젠과 물의 경우를 보자. 물 분자

| **런던 분산력** 분자간의 약한 인력인 반데르발스의 힘의 주된 부분을 가리키는 용어다.

사이에는 센 수소결합이 작용하고 있다. 벤젠과 물이 섞이기 위해서는 물 분자 사이의 수소결합이 깨어져서 물과 벤젠 사이에 작용하는 반데르발스 힘으로 대치되어야 한다. 그러나 수소결합이 반데르발스 힘보다 훨씬 강하므로 결국 벤젠과 물은 거의 섞이지 않는다. 이와 같이 비슷한 성질을 가지는 것끼리는 잘 섞인다. 이를 '유유상종like dissolves like'이라 표현한다.

액체끼리가 아닌 고체를 액체에 녹여 용액을 만드는 과정에서도 이러한 원칙은 마찬가지로 적용된다. 즉 소금NaCl이나 염화칼슘CaCl2 같은 이온결합 분자들은 물과 같이 극성이 큰 용매에 잘 녹고 무극성의 Br_2는 극성이 없는 벤젠C6H6에 녹는다. 이온성 화합물이 물에 용해하는 과정은 물 속에서 해리된 각 이온을 물 분자가 둘러싸는 수화水化과정을 포함한다. 즉 Na^+ 이온은 물 분자의 부분 음이온을 가진 산소 쪽으로, Cl^- 이온은 물의 부분 양이온을 가진 수소 쪽으로 둘러싸서 용해되는 것이다. 이 과정을 용매화라고 한다. 용매화된 이온들은 외부의 전기장의 영향을 받으면 전기를 통할 수 있다. 우리 몸에도 상당한 양의 이온들이 들어 있기 때문에 고전압 하에서는 전기 쇼크를 받는 것이다.

결론적으로 말하면 극성 분자는 극성 용매에, 비극성 분자는 비극성 용매에 잘 녹는다.

인간세계에서 많이 듣던 끼리끼리 모인다는 말이 이러한 물질세계에서도 통용되고 있다. 다만 이 물질의 세계에서는 어떤 경우에 서로

잘 섞이는지에 대한 정보를 얻고 그로 인해 반응이 잘 일어나게 하기 위한 화합적인 뜻으로 사용되고 있는데 반하여 인간세계에서는 오히려 배타적으로 쓰이는 경우가 많다. 특히 우리나라에서 그 경향이 매우 심하다. 지방색에서부터 출신학교, 종교 등이 같은 사람끼리 모인다. 유유상종에 관한 재미있는 이야기가 있다.[72]

많은 당나귀를 키우는 어느 농부가 당나귀 한 마리를 더 사기 위해 시장에 갔다. 그는 여러 당나귀 중에서 한 마리를 고른 후에 상인에게 말했다.
"여보시오. 내가 이 당나귀를 집에 데려가서 부지런한지 게으른지 알아본 후에 게으른 녀석이면 바꿔 가도 되겠소?"
"그렇게 하시지요."
상인의 허락을 받은 농부는 자기 집으로 당나귀를 끌고 와서 외양간에 넣었다.
그러자 새로 온 당나귀는 이리저리 당나귀들 사이를 거닐다가 그 중 제일 게으른 당나귀 곁으로 다가갔다.
잠시 후 두 당나귀는 친해져서 사이좋게 먹이를 먹었다.
이 모습을 본 농부는 그 당나귀를 다시 상인에게 끌고 갔다.
"이 당나귀는 게을러서 내게 별 도움이 안 될 것 같으니 다른 당나귀를 보여주시오."
그러자 당나귀 주인이 이상하다는 듯이 물었다.
"아니, 끌고 간 지 얼마 되지도 않았는데 어떻게 이 당나귀가 게으른지 부지런한지를 안단 말이오?"
농부는 웃으면서 대답했다.

"그 당나귀를 보고 안 것이 아니라 그 당나귀의 친구를 보고 알았지요."

과연 당나귀도 비슷한 성질을 가질 때 더 친해지는지는 모르겠으나 사람들이 오죽 끼리끼리 모이면 이런 이야기가 생겨났을까.

인간사회에서는 끼리끼리 모이면 갈등을 일으키는 요소가 된다. 어느 칼럼에서 인간관계에서 갈등을 만들지 않기 위한 방법으로 '나소너소우소' 와 '나다너다우다' 를 인정하라는 글을 읽었다.[73]

'나소너소우소' 는 나는 내가 가장 소중하다.
너는 네가 가장 소중하다.
우리는 모두 자기 자신이 가장 소중하다는 것이고,
'나다너다우다' 는 나는 다르다.
너는 다르다.
우리 모두는 다르다는 것이다.

좋은 인맥, 좋은 인간관계를 맺는 비결은 스킬이 아니고 마음이다. 그 마음이란 상대방을 소중히 여기고 다르다는 것을 인정하는 마음이라는 것이다. 그러나 우리 사회는 나와 다른 것을 용서하지 못한다. 그저 다를 뿐일 텐데도 자기가 더 우월하다는 인정을 받아야 하고 그렇지 않으면 목소리를 높여서 상대를 비난하기까지 한다. 상대방이 낮아져야 내가 올라가기라도 하는 것처럼.

지금은 많이 달라져서 타교 출신도 교수로 많이 채용되지만, 예전에는 몇몇 소위 일류대학교에서는 거의 모교 출신만을 선발하였다. 내가 미국에 있을 때 만난 한 교수는 당시에 자신이 전공하는 학계에서 이미 많은 업적을 쌓았고, 미국에서도 10위 안에 드는 대학교에서 정교수로 재직하고 있었다. 그는 자신이 얻은 지식과 능력을 국내에서 펼치고자 서울의 한 대학교에 지원하였다.

자기가 그 대학을 낙방하고 미국으로 유학을 떠난 터라 그 학교에 남다른 애착 내지는 집착이 있었던 모양이다. 그런데 학교 측에서는 그를 받아주는 대신 조교수로 오라고 했단다. 당시는 아무 경력이 없는 사람도 조교수가 되던 시절이었으니 그의 허탈함은 이루 말할 수 없었으리라.

그가 실망한 표정으로 출신의 벽이 한없이 높다고 쓴웃음을 지었던 생각이 난다. 그런데 바로 그 대학교를 다녔어도 또다시 출신 고등학교가 다르다는 이유로 선배를 언니나 형이라는 친근한 말 대신에 아무개 씨라 불러서 상처받은 사람은 또 얼마나 많았는지. 그래도 요즈음 젊은이들은 그런 것에 구애받지 않고 그저 나이를 비교해보고는 자연스럽게 형, 언니라고 부르는 것이 무척 좋아 보인다.

그러면 같은 고등학교를 다녔다고 다 하나가 되는가. 예전에 내가 다니던 시절에는 고등학교도 입시를 치르고 들어갔기 때문에 다른 중학교 출신이 한 반에 몇 명씩 들어왔다. 과거에 그 중학교 입시에 실패했거나 아니면 지방에서 너무 어린 나이라 올 수 없었던 학생들이다. 그 어린 나이에 굴하지 않고 다시 도전해서 들어왔으니 얼마나 장한가. 그런데 원래 다니던 학생들은 이들을 '타교생'이라 불렀다. 고등학교 졸업한 지 40년을 넘어 50년이 가까워오는데 아직도 그들을 지칭할 때 "그 타교생 말이야…"라고 한다며 한 친구가 그 뿌리 깊은 편견에 깊이 한탄하는 걸 보며 가슴이 아팠다.

이렇게 끼리끼리 모이는 속에서도 또 더 소규모의 끼리끼리가 존재한다. 끼리끼리는 결국 글자 그대로의 '화합'의 개념보다는 '분열'의 개념이 더 크게 작용함을 부정할 수 없다. 그 속에는 냉혹한 편견이나 부당한 우월감이 도사리고 있으니 말이다. 과거에 무엇을 한 것이 어찌 현재보다 중요하랴. 이미 돌이킬 수 없는 과거를, 그것도 그 과거로 해서 잘못 가고 있는 게 아니라 교훈으로 삼아 더 잘 가고 있는 사람을 향해 손가락질해서 어쩌겠다는 것인지.

언젠가 개미를 보며 저들도 자기 허리가 더 가늘다고 잘난 체할까 하는 생각을 한 적이 있다. 우리 사람의 눈에는 그저 다 같은 개미일 뿐인데. 마찬가지로 인간을 내려다보는 전지전능한 존재가 있다면 우리가 서로 더 잘났다고 하는 꼴이 얼마나 가소롭게 보일까.

내가 몸담고 있는 대학교의 학생들도 사회의 편견에 대응하며 자신의 더 나은 미래를 위하여 얼마나 노력하는지 모른다. 10년 전쯤의 일이다. 나의 연구실에서 석사학위를 받은 어느 여학생이 최고라고 일컫는 대기업의 화학회사에 취직이 되었을 때, 그제야 자신의 자존심이 회복되었다며 눈물을 흘렸다. 다행히도 그 회사가 학벌 타파의 기치를 올렸기 때문에 가능했던 일이라고 했다. 학부 때는 휴학을 하고 재수를 해서 탈출을 시도했었을 만큼 이들은 누구보다도 자신이 어느 위치에 있는지 너무 잘 아는 사람들이다. 그래서 조그만 자극에도 더 큰 상처를 받는다. 이제는 대기업에 취직한 제자들도 많아졌다.

그러나 요즈음 더 놀랍고도 감격적인 소식을 받았다. 재작년에는 한 제자가 미국에서 박사학위를 받은 후 아이비리그의 하나인 브라운대학교의 교수가 되었다고 인사하러 찾아오더니 작년에는 또 다른 제자가 도쿄대학교의 교수가 되어 탁월한 연구논문만 실리는 〈Nature〉라는 학술잡지에 제1저자로 실렸다며 논문을 보내온 것이다. 실로 청출어람의 뿌듯함이 가슴 깊이 느껴졌다. 그러면서도 한편으론 좀 늦게 철이 났을 뿐인 이 제자들이 우리나라에서라면 그런 자리에 갈 수 있었을까 하는 생각에 씁쓸한 기분이 되었다.

사람을 성급하게 판단하지 말고 출신학교로 차별하지 않았으면 좋겠다. 이들도 마음만 먹으면 얼마든지 세계 속으로 진출할 가능성이 있는 사람들이다. 또 우리 학생들의 가슴에 있는 따스함과 부드러움이 국가를 위한 미래의 큰 자산이 될 수도 있다.

작년 졸업여행에 학생들과 동행했을 때 밤에 함께한 자리에서 한 남학생이 나를 가리키며 이승기의 〈내 여자라니까〉라는 노래를 격의 없이 불러 모두가 하나 되어 한바탕 웃었던 기억이 있다. 올해 스승의 날에는 수강 학생 모두가 칠판 가득하게 사랑한다는 글을 써놓고 기다리고 있는 모습에 너무 감격해서 눈물이 핑 돌았다. 이제 끼리끼리 꼭 편을 짜야 한다면 아마 나는 이들과 기꺼이 '끼리끼리'가 될 거다.

Hybrid Orbital _ 한 원자의 전혀 다른 원자 궤도 함수가
　　　　　　　　　혼합되어 만들어진 것으로 모양이나 방향성이
　　　　　　　　　원래 원자의 오비탈과는 전혀 다른 새로운 오비탈

오직 남들을 위하여 산 인생만이 가치 있는 것이다.

― 아인슈타인

혼성 오비탈

희생하는 사람은
늘 행복하고
욕심을 채우는 사람은
늘 허기지다

알브레히트 뒤러Albrecht Durer는 독일의 뉘른베르크 출신으로서 〈기도하는 손〉이라는 그림을 그린 화가로 유명하다. 이 작품이 나오게 된 사연이 우리에게 잔잔한 감동을 준다. 다음에 쓴 것은 몇 가지 전해지는 이야기 중 하나다.[74]

뒤러는 그 시대의 여느 화가들처럼 무명 시절을 겪으면서 몹시 가난하게 지냈다. 당시 그에겐 자신과 같이 화가의 꿈을 가진 한스라는 친구가 있었다. 그들은 무엇이든 항상 함께하는 소중한 사이였고 그들의 목표는 훌륭한 화가가 되기 위하여 왕립미술학교에 들어가는 것이었다. 그때 그들 앞에 어떤 사람이 나타나 자신에게 얼마간의 돈을 주면 추천장을 써줄 테니 그것으로 학교에 입학할 수 있을 것이라 속였다. 아무 것도 모르는 순진한 청년들은 마치 벌써 학교에 들어가기라도 한 듯이 기뻐했다.

그들은 애써 마련한 돈을 그에게 주었고 그가 써준 추천장이란 것을 받아들고 기쁜 마음으로 학교 문을 두드렸지만, 입학을 위해 정작 필요했던 것은 추천장이 아니라 입학금이었다.

뒤늦게야 자신들이 사기를 당했다는 걸 깨닫고 숙소로 돌아오던 날 밤 뒤러는 깊은 생각에 잠겼다. 자신보다 섬세한 손을 가진 한스가 공부하는 것이 낫겠다고 생각하며 겨우 한 사람분의 입학금밖에 남아 있지 않은 돈을 모두 한스에게 주고 자신은 조용히 사라질 결심을 했던 것이다. 그렇게 마음을 굳히고 잠을 청하였는데 다음날 아침에 일어나 보니 한스가 보이지 않았다. 지난 밤 한스 역시 뒤러와 같은 생각을 했던 것이다.

그렇게 뒤러는 한스가 남겨준 돈으로 미술 공부를 시작하게 되었다. 그뿐만 아니라 한스는 고향에서 일을 하며 꾸준히 학비를 보내 뒤러를 뒷바라지했다. 뒤러는 고마운 친구를 위해, 그림 배우기를 게을리 하지 않았다. 시간이 흘러 뒤러가 왕립미술학교를 수석으로 졸업하게 된 날, 뒤러는 한스가 찾아와 졸업을 축하해주길 바라며 기다렸지만 그의 모습은 끝내 보이지 않았다.

뒤러는 졸업 후 바로 고향을 찾아 백방으로 한스를 수소문하여 찾았지만 그를 찾을 수 없어 실망한 채 돌아서야만 했다. 점점 유명한 화가로 사람들에게 인정받으며 지내던 어느 날, 뒤러는 알 수 없는 신비로운 느낌에 이끌려 성당에 들어서게 되었다.

그곳에는 어떤 사내가 무릎을 꿇고 기도를 드리고 있었는데, 그는 바로 자신이 그렇게도 애타게 찾았던 한스였다. 반갑고 격한 감정에 휩싸여 다가가려던 뒤러는 한스의 변한 모습에 그만 그 자리에 꼼짝

〈기도하는 손〉, 뒤러
1508, 오스트리아 비엔나 알베르티나 미술관

못하고 서 있을 수밖에 없었다. 자신이 알던, 미소년에 부드러운 손을 가졌던 한스는 온 데 간 데 없고 어느 늙고 더러운 노동자 하나가 쭈그리고 앉아 기도를 드리고 있는 것이 아닌가. 누군가가 자신을 지켜보고 있다는 것도 의식하지 못한 채 그는 조용히 눈물을 흘리며 기도하고 있었다.

"하느님 감사합니다. 제 손이 이렇게 뒤틀리고 굳어버려 더 이상 그림을 못 그리게 되었지만, 친구 뒤러가 유명한 화가가 되게 해주셔서 감사합니다. 그가 앞으로도 더욱 진실된 그림을 그릴 수 있게 도와주십시오."

그림밖에 그릴 줄 몰랐던 한스. 뒤러의 학비를 대기 위해 거친 막노동판에 나가 일하면서 섬세하고 고왔던 그의 손은 뒤틀리고 굳어져서 더 이상 붓을 잡을 수 없을 지경까지 이르게 되었다. 그리고 한스는 뒤러가 친구의 꿈을 팔아 자신이 공부를 했다고 자책할까봐 자신의 모습을 차마 보여주지 못했던 것이다. 뒤에서 조용히 이를 지켜보고 있던 뒤러는 말없이 뜨거운 눈물을 흘렸다.

"한스, 자네의 손이 오늘의 나를 있게 했네. 세계에서 제일 아름다운 작품이 바로 내 눈앞에 있네. 그건 자네의 그 뒤틀어진 기도하는 손이네."

뒤러는 자신의 그림 도구를 그 자리에서 펼쳐 복받치는 감정을 다스리며 그림을 그리기 시작했다. 그를 향한 자신의 존경과 사랑, 그리고 미안함, 아니 속죄하는 마음을 담아서….

또한 다른 사람들도 이 그림을 보면 누군가의 희생과 나눔에 감사하는 마음이 떠오를 거라고 생각하면서.

감정이 없고 냉철하게만 느껴지는 화학이라는 학문에도 아름답고 따뜻한 사랑과 희생이 숨어 있다. 메탄$_{CH_4}$가스 이야기를 하려 한다.

메탄은 탄소 화합물로, 연소할 때 나오는 이산화탄소가 지구 온난화의 주범으로 꼽히고 있어 우리의 환경에 주는 이미지가 좋지는 않다. 그러나 바로 이 메탄가스를 차량의 연료로 사용하기 위한 연구가 진행 중이다.[75] 강원도는 하수슬러지, 축산분뇨, 음식물을 압축시켜 나온 물, 도축장 부산물 등으로 매일 110대의 시내버스를 충전할 수 있는 엄청난 양의 메탄가스를 생산해 2012년부터 판매하기로 했다. 연간 60억 원의 매출이 예상된다고 한다.

또한 울산의 성암 소각 매립장에서는 생산되는 매립가스를 이용하여 울산시는 지난 2007년부터 2009년까지 3년 동안 CO_2 11만 6,257t을 감축하여, 5억 6,100만 원의 장려금을 받았다. 또한 앞으로 2010년에서 2011년까지 2년 동안 7만 7천 t의 CO_2를 감축, 3억 7천만 원을 더 지원받으며 녹색 성장을 이룰 것으로 예상하고 있다.

이 사업은 금전적 이익은 물론이고 폐기물인 메탄가스를 사용하여 일자리 창출, 저렴한 자동차 연료 공급, 환경문제 해결, 석유의존도 저감 등의 다중효과를 거둘 수 있다는 점에서 의미가 크다.

그러나 여기서는 메탄이 어떻게 유익하게 사용되는가보다는 그 메탄이 형성되는 과정에서 탄소의 아름다운 역할에 초점을 맞추려 한다. 메탄의 중심 원자인 탄소는 혼자 있어도 안정하기는 한데 친구를 만들고 싶어한다. 그러나 자신을 변화시키지 않으면 네 명의 친구와 손을 잡을 수 없어 자신이 힘들어지는 것을 각오하고서라도 네 개의 손을 만든다. 이러한 과정에서 혼성混成 **오비탈**이 만들어지고 그렇게 메탄은 탄소C가 2분자의 수소H2, 즉 네 개의 수소 원자와 결합한다.

$$C + 2H_2 \rightarrow CH_4$$

혼성 오비탈은 화학에서 화학 결합을 정성적定性的으로 설명하기 쉽게 하기 위해 원자 오비탈의 혼합을 통해 만들어진, 모양이나 방향성이 원래 원자의 오비탈과는 전혀 다른 새로운 오비탈이다.[76] 혼성 이론은 화학자 라이너스 폴링Linus Pauling이[77] 메탄 분자의 구조를 설명하면서 처음 도입되었다. 역사적으로 이 개념은 처음엔 간단한 화학적 **계**係에 대한 이론이었지만, 점점 이 접근법이 넓게 응용되어 지금은 **유기**

오비탈 물질은 원자로 이루어져 있으며, 원자는 원자핵과 전자로 이루어져 있다. 그 전자가 있는 주머니를 오비탈이라고 한다. 오비탈의 종류는 둥근 s오비탈, 2개가 모여 있는 p오비탈, f오비탈 등 여러 가지가 있다.
계 구성 요소들을 체계적으로 통일한 조직을 일컫는다.

화합물의 구조를 설명하는 데 매우 효과적인 이론이 되었다.

오비탈은 분자 내 전자의 행동을 표현하는 모델이다. 간단한 혼성의 경우, 수소의 원자 오비탈을 기준으로 하며, 혼성 오비탈은 이 원자 오비탈들이 서로 다른 비율로 섞여 만들어진다. 여기선 탄소나 질소, 산소와 같이 무거운 원자에서도 이 오비탈들이 많이 변하지 않고 약간만 바뀐다고 가정한다. 이렇게 탄소, 질소, 산소, 넓게는 황이나 인까지도 혼성 이론을 도입하는 것이 분자를 설명하는 데 많은 도움을 준다.

메탄의 결합은 원자 오비탈만으로는 설명하기 어렵다.

탄소와 수소의 공유결합을 이루려면 탄소 원자에 짝을 이루지 않은 전자가 4개 있어야 한다. 그런데 탄소 원자의 전자 배치는 짝을 짓지 않은 전자가 2개밖에 없어서 4개의 수소와 결합할 수가 없다. 즉 6개의 전자를 가진 탄소는 1s 오비탈에 2개가 들어가고 그 다음 껍질인 2s 오비탈에 2개 그리고 나머지 2개는 3개의 2p 오비탈에 1개씩 따로 들어간다. 그러므로 바깥껍질의 2s 전자는 짝을 지었고, 3개의 2p 오비탈 중 2개의 전자는 짝을 짓지 않은 채로 있고 하나는 비어 있다. 탄소가 4개의 결합을 가지기 위해서는 **바닥 상태**의 2s 전자 하나가, 더 에너지가 높고 비어 있는 2p 오비탈로 옮겨가야 총 4개의 짝짓지 않은 전자를 가진 상태가 된다. 이 4개의 원자 오비탈은 혼합되어 새로운 4개의 sp^3 혼성 오비탈을 만든다.[78]

유기 화합물 홑원소물질인 탄소, 산화탄소, 금속의 탄산염, 시안화물·탄화물 등을 제외한 탄소화합물의 총칭이다.
바닥 상태 양자역학적인 계에서 에너지가 최소인 정상상태이며, 이보다 높은 에너지를 가진 상태를 들뜬상태라 한다.

이렇게 만들어진 혼성 오비탈 각각은 그 모양이 같고 오비탈에 들어 있는 전자의 반발력이 최소가 되도록 정사면체tetrahedral 모양으로 배향된다. 물론 이때 탄소 원자의 에너지는 더 높아진다. 이 정사면체 혼성 오비탈의 꼭짓점에 수소의 1s 오비탈이 겹쳐져 네 개의 탄소-수소 결합을 형성하게 되고 탄소나 수소가 각기 혼자 있을 때보다 더 안정해진다.

이와 같이 탄소는 혼성 오비탈을 만듦으로써 자신의 에너지가 높아져 불안정해지는 희생을 감수하고서라도 다 함께 안정하게 되는 길을 열어준 것이다. 메탄이라는 화합물 자체도 인류에 여러모로 도움을 주지만 그 화합물을 만들기 위해 그토록 작은 원자가 사랑의 희생정신을 실천하고 있다. 그러면서도 억울하다고 불평하거나 자기의 희생을 만천하에 드러내지도 않는다.

그런데 우리 인간은 어떤가? 신문지상이나 방송 매체에서 희생은커녕 자신의 이기심을 만족시키기 위하여 화학지식을 악용하는 경우가 있다는 소식을 종종 접하곤 한다. 그럴 때마다 안타까움을 금할 길이 없다. 한 예로 중국의 일부 업자는 아기가 먹는 분유에 공업용 화학약품인 **멜라민**을 다량 넣었다. 미국의 FDA는 이를 식용으로 쓰지 못하도록 엄격히 규제하고 있는데, 거기에 물을 섞어 우유의 부피를 늘려서 이익을 보려 한 것이다. 물을 섞으면 제품에 포함된 단백질의 함량이 낮아진다. 단백질 함량은 질소 함량을 측정해 검사하는데, 질소의 함

량이 많은 멜라민$C_3H_6N_6$을 섞으면 품질 검사 때 단백질 농도를 속일 수 있기 때문이다.[79]

멜라민은 신장 기능을 악화시키고 암을 유발하기도 하는데, 그것이 같은 양이라도 피해를 가장 크게 받을 아기들의 분유에 넣어 결국 사망에까지 이르게 하였다니 그 무자비함과 돈이라면 무슨 일이든 서슴지 않는 이기심에 전율을 느낄 뿐이다. 또한 비교적 값이 싼 중국산 유제품을 수입하여 요구르트, 아이스크림과 캔 커피 등의 원료로 사용하는 나라들까지 감안하면 이는 중국 한 나라만의 문제가 아니다. 그런데 더욱 경악할 일은 2008년 멜라민 파동 때 최소한 10만t의 멜라민 오염 분유가 폐기되지 않고 사탕이나 사료 원료로 팔린 것으로 추산된다는 점이다. 당시 철저한 관리 감독이 이뤄지지 않아 회수되지 않은 채 은폐됐던 멜라민 분유가 최근 다시 시중에 유통되고 있다는 것이다.[80]

탤크는 표면이 미끄럽고 반들거려서 '활석滑席'이라고 부르기도 하는데 규산마그네슘의 수화물 등으로 구성된 광물이다. 한편, 석면은 아스베스토스 또는 돌솜이라고도 하며, 화성암의 일종으로서 천연의 자연계에 존재하는 사문석 각섬석의 광물에서 채취되는 섬유 모양의 규산화합물이다. 그런데 탤크 광석의 중심부에도 사문암이 포함되어 있기 때문에, 탤크 채광 시 사문암에 존재하는 석면을 분리, 제거하지 않

멜라민 질량의 66%가 질소로 이루어져 있다. 우유 내 유단백 함량을 측정하기 위해서는 유기 화합물을 진한 황산에 반응시켜 질소의 양을 재는 켈달 분해법이 쓰인다. 이것은 단백질 함량 측정을 위한 매우 기본적인 방법이지만 순단백질의 함량을 측정할 수는 없다. 그래서 중국에서는 순단백질의 함량을 숨기기 위해 낙농가 또는 우유 집유업자들이 질소의 함량이 높은 멜라민을 우유에 첨가하였다.
탤크 활석을 갈아서 만든 베이비파우더의 재료로 알려져 있다. 무르고 부드러워서 모스 굳기계에서 가장 낮은 단계의 기준이 된다.

으면 탤크에서 석면이 검출될 수밖에 없다.

이러한 문제가 있음을 알면서도 비용이 적게 든다는 이유만으로 베이비파우더, 화장품 그리고 의약품에 석면을 완전히 제거하지 않고 제조하여 시중에 유통시켰던 것이다. 석면은 현재 WHO(세계보건기구) 등이 지정한 1급 발암물질로 크기가 미세해서 호흡할 경우 바로 폐로 침투하여 폐암 같은 치명적인 질병을 유발하게 된다. 더욱 심각한 것은 10~30년의 잠복기를 거친다는 점이다.[81]

같은 현상에 대해 사람마다 생각하고 판단하는 바가 다르듯이 한 번 사는 인생에서 어떤 사람은 주위 사람들을 위해 희생과 봉사를 하며 사는가 하면 어떤 사람은 끊임없이 다른 사람의 희생을 강요하거나 고의적으로 피해를 입힌다. 그런데 참으로 이상한 노릇은 앞의 경우처럼 주기만 하는 사람은 불행할 것 같은데도 늘 행복한 반면, 뒤의 경우처럼 빼앗기만 하는 사람은 늘 불행하고 허기져 있다는 것이다.

그런데 여기서 주의할 점이 한 가지 있다. 봉사를 하더라도 자신의 공을 드러내 다른 이들의 찬사를 듣거나 보상을 원한다면 그 봉사는 자신에게는 짐이 되고 다른 이들에게도 부담이 된다. 또한 남들에게 자기처럼 하라고 강요하거나 그렇게 하지 못한다고 해서 비난하는 행위도 마찬가지다.

부활절이 가까워질 무렵이면 자주 듣는 이야기가 있다. 예수님이 십자가에 못 박히기 전 예루살렘으로 당나귀를 타고 입성할 때, 사람들은 세상의 왕이 오는 줄 알고 환호한다. 이때 당나귀는 사람들이 자기를 보고 환호하는 줄 알고 우쭐했다는 것이다. 봉사 좀 하고 잘난 척하는 게 바로 그 당나귀 같다는 이야기다. 사람이나 짐을 태우는 당나귀 노릇이 아니라, 우쭐하는 당나귀 노릇에 더 관심을 기울이지는 않았는지 자신을 돌아볼 일이다. 솔직히 말하면 나는 후자에 속해서, 상처받지 않아도 될 일에 아파하곤 했다. 성지에서 만나게 되어 지금까지도 깊은 우정을 나누고 있는, 성녀를 닮은 한 수녀님은 그럴 때면 나의 자아가 시퍼렇게 살아 있어서 그렇다며 자아를 완전히 버리는 노력을 하라고 했지만 나로서는 참으로 어려운 일이다.

사회심리학자 데이비스 G. 마이어스David G. Myers는 그의 저서 『직관의 두 얼굴』에서 직관의 힘과 위험을 이야기하고 있다.[82] 사람들은 악행보다는 선행에서, 실패한 일보다는 성공한 일에서 자신이 더 큰 역할을 했다고 생각한다. 수십 건의 실험에서 사람들은 어떤 일에 성공했을 때는 자신의 공을 쉽게 인정했지만, 실패했을 때는 운이 안 좋았다거나 불가능한 상황이었다는 등 외부적인 요인을 탓하는 경우가 많았다. 1997년 〈유에스뉴스앤드월드 리포트U.S. News & World Report〉는 사람들에게 죽어서 최소한 '얼마만큼이라도' 천국에 갈 가능성이 있는 사람이 누구인지 물어보았다. 빌 클린턴52%, 마이클 조던65% 등의 이름도 나왔는데, 가장 확실한 사람으로 2위를 차지한 인물은 테레사 수녀79%였다. 그런데 테레사 수녀를 제치고 1위를 차지한 사람은 누구일까? 천국에 갈 확률 87%를 차지하며 1위에 오른 것은 바로 응답자 자신이었다.

이와 같이 자기 위주로 돌아가는 직관이 얼마나 큰 오류를 범할 수 있는지를 생각한다면 쉽게 자신을 드러낼 수는 없을 것 같다. 마찬가지로 다른 사람의 판단에 쉽게 상처받을 일도 아니다.

탄소가 조용히 자기 한 몸을 희생하여 안정을 가져왔듯이 희생과 봉사를 실천한 사람들은 자신으로 인해 주위 사람들이 행복하게 느끼는 것을 감사히 여기며 거기서 많은 보람을 경험했을 테고, 그래서 또다시 희생할 수 있는 에너지가 생기게 되니 늘 행복하게 살 수 있는 것이 아닐까.

뒤러의 친구 한스도 친구의 성공을 배 아파하기보다는 그 보람에서 삶의 의미를 찾았을 것이다. 누구나 조연보다는 주인공이 되기를 바랄 텐데 자아ego를 완전히 버렸기에 그 경지에 이르렀으리라.

그런데 어쩌면 그렇게도 작은 원자 어디에 그런 생각을 할 수 있는 머리가 있다고, 사람들도 온전히 깨닫기 힘든 그 원리를 깨달아 실천하는 것일까?

Valence Shell Electron Pair Repulsion Theory

_ 화학에서 중심원자의 배위수와 전자쌍 반발 원리를 통해
 분자의 구조를 예측하여 나타내는 모형

성공적인 기술이 탄생하려면, 그 기술은 대중적인 관계보다 앞서야 한다. 자연과학 기술은 결코 조롱의 대상이 돼서는 안 되기 때문이다.

—파인만

전 자 쌍 반 발 이 론

분자의 세계에서
서열의 권위가 어떤지
가히 경외할 만한
수준이다

시골에 계신 어머니께서 서울 아들집에 들렀다.

집안에 있으려니 답답해서 잠시 바람을 쐬러 나갔다가 들어오는데 방안에서 아들과 며느리의 대화소리가 들려왔다.

며느리: 자기야~ 이 세상에서 누가 제일 좋아?

아들: 그야 물론 자기지.

며느리: 그 다음은?

아들: 우리 예쁜 아들이지.

며느리: 그럼 세 번째는?

아들: 그야 물론 자기를 낳아주신 우리 장모님이지.

며느리: 그럼 네 번째는?

아들: 음. 우리 집 애견 둘리지.

며느리: 그럼 다섯 번째는?

아들: 우리 엄마!

문밖에서 아들과 며느리의 얘기를 듣고 있던 시어머니, 다음날 새벽에 나가면서 냉장고에 메모지를 붙여놓았다.

'1번 보아라, 5번 노인정 간다.'

윗글은 내가 아들만 둘 있다고 한 친구가 어느 날 인터넷 유머 게시판에서 보고 내게 보내준 것인데, 나도 깔깔거리며 "맞다, 맞아!"를 외쳤던 생각이 난다. 아, 나도 아들만 둘이니 그들에게 최소한 5번 이후 순위가 되겠네!

화학 얘기를 하면서 생뚱맞게 웬 서열을 논하는가 하겠지만, 바로 그 서열이 분자의 구조에 결정적인 역할을 하기 때문이다. 공유결합 화합물의 중심원자가 어떤 혼성 오비탈을 만드는지 그리고 그 원자에 있는 결합전자쌍과 고립전자쌍에 대하여 앞에서 설명했다. 여기서 말하고자 하는 전자쌍 반발 이론, 더 정확히 말하면 원자가껍질 전자쌍 반발 이론[83]Valence shell electron pair repulsion theory : VSEPR theory이란 화학에서 중심원자의 배위수와 전자쌍 반발 원리를 통해 분자의 구조를 예측하여 나타내는 모형이다. 이 이론은 루이스 구조식에서 나타나는 중심원자의 각 전자쌍들은 서로 반발하므로 서로 가장 멀리 떨어진 위치에 존재하게 된다는 것에 기초하여 분자의 구조를 나타낸다. 예를 들어 중심원자에 3개의 전자쌍이 존재한다면 각 전자쌍은 중심원자를 중심으로 정삼각형의 형태로 위치하게 되는 것이다. 분자를 구성하는 원자들은 결합전자쌍을 통해 결합하고 있으므로 결합전자쌍의 배치가 곧 분자의 모양이 된다.

결합전자쌍과 고립전자쌍(비공유전자쌍) 가운데 고립전자쌍의 반발력이 더 크다. 따라서 고립-고립 전자쌍 간의 반발력이 가장 크며 결합-결합 전자쌍 간의 반발력이 가장 작다. 따라서 같은 개수의 전자쌍을 갖고 있더라도 결합전자쌍과 고립전자쌍의 구성에 따라 각 전자쌍들이 이루는 각은 조금씩 달라질 수 있다.

즉 중심원자는 만나는 말단원자의 수와 그들이 내어놓는 전자 수에 따라 혼성 오비탈이 달라지고 그 혼성 오비탈의 자리에 결합전자쌍이나 고립전자쌍이 들어가는 순위에 따라 구조가 달라진다. 다시 말하면 중심원자에 있는 전자가 말단원자의 전자들과 만나면, 중심원자가 혼성궤도라는 집을 짓게 되는데, 그 속에 있는 여러 개의 방에 전자쌍들이 크기에 따라 차례로 들어간다는 뜻이다. 마치 중심원자라는 부모가 집을 지어 각 전자쌍들을 방에 배치하는 것과 같다.

그 서열이란 어쩌면 힘의 논리라 부를 수도 있을 텐데, 부피가 큰 고립 전자쌍이 있으면 그 주위의 원자 또는 결합전자쌍들은 자리를 조금씩 비켜줘야 할 뿐 아니라, 좀 우스운 표현이지만, 그 고립전자쌍이라는 언니를 가장 편한 위치에 먼저 놓아드려야 결합을 하고 있는 동생을 따라다니는 다른 원자들도 편하게 자리를 잡게 된다는 뜻이다. 사실 고립전자쌍은 말이 전자쌍이지 실제로는 그곳에 결합하는 상대 원자가 없다는 말이니 꼭 '죽은 제갈공명이 살아 있는 사마중달을 잡는 격'이라고나 할까. 여기서 고립전자쌍은 중심원자에 있는 것을 말하며 말단원자들의 고립전자쌍은 구조에 영향을 미치지 않는다. 이마저도 고립전자쌍은 중심원자에 있는 것만 대접을 받지 말단에 있는 것은 그렇지 못하면서도 순하게 따르니 서열의 냉엄함에 숙연해진다.

이제 실제 화합물로 들어가보자. 중심원자가 2개의 말단원자와 결합하여 똑같이 AB$_2$라는 화학식을 가진 물질이라도 어떤 것은 일직선 모양이고 어떤 것은 굽은 모양을 가진다. 그 구조가 차이가 나는 것은 다름 아닌 고립전자쌍의 존재 때문이다. 이제 이산화탄소CO_2, 물H_2O 그리고 이염화요오드 이온ICl_2^-의 구조가 어떤지, 또 왜 그런지 알아보고 싶지 않은가. 구조를 알기 전에, AB$_2$라는 화학식을 가질 때 일반적으로 한 개 있는 원자가 중심원자이고 여러 개는 말단에 놓인다고 보면 되므로 A가 중심원자이고 B는 말단원자임을 밝힌다.[84]

먼저 탄산가스로 더 잘 알려진 이산화탄소CO_2의 경우, 중심원자인 탄소는 겉껍질에 4개의 전자가 있고, 탄소와 결합하는 2개의 산소는 각각 6개의 전자를 가지고 있다. 이 화합물은 옥텟 규칙을 만족하는 구조를 가질 때 가장 안정할 것이다. 다음 그림에서와 같이 탄소 원자의 전자 4개 ×를 두 개씩 나누어 양쪽에 놓고, 각 산소 원자는 6개 중 2개의 전자 *는 탄소의 전자와 결합하여 이들을 탄소와 산소가 공유하고, 나머지 4개의 전자가 두 개의 고립전자쌍으로 존재하면, 탄소 주위의 전자 수도 8개가 되고 산소 주위의 전자 수도 8개가 되어 옥텟 규칙을 만족하게 된다. 이때 탄소와 산소 사이의 결합은 4개의 전자로 형성된 이중결합이다. 전자들은 서로 반발하며 더구나 이중결합일 때는 전자 수가 더 많으니 그 반발이 더 클 것이다. 두 쌍의 이중결합끼리의 반발을 최소화하는 배향은 서로 180° 떨어져 있을 때일 것이므로 이산화탄소는 일직선 모양이다. 여기서 중심원자인 탄소 주위에는 고립전자쌍이 없다.

$$\overset{**}{\underset{**}{O}}\overset{*}{\underset{*}{\times}}\overset{\times}{\underset{\times}{C}}\overset{\times}{\underset{\times}{*}}\overset{**}{\underset{**}{O}} \qquad O=C=O$$

한편, H_2O의 경우에는 O가 최외각의 전자를 6개 가지고 2개의 수소가 전자 1개씩을 내놓아 중심원자인 산소의 주위에는 아래 그림과 같이 8개, 즉 네 쌍의 전자가 있다. 이 네 쌍의 전자가 가장 반발을 줄일 수 있는 각도는 109.5°이고, 이는 sp^3 혼성 오비탈을 이룸을 뜻하는 것이다. 즉 산소 원자가 정사면체의 중심에 있고 4개의 전자쌍이 꼭짓점을 향해 퍼져 있는데 그 중 2개는 수소와 결합하고 있는 결합전자쌍이고 두 개는 고립전자쌍이다.

여기서 고립전자쌍은 실제로 눈에 보이지 않기 때문에, 분자의 구조란 눈에 보이는 원자들로 이루어진 것을 말하므로, H_2O 자체의 구조는 굽은 형이다. 그런데 앞서 말했듯이 고립전자쌍은 결합전자쌍보다 차지하는 부피가 크기 때문에 결합전자쌍들은 그들과의 반발을 피하려고 ∠HOH는 이상적인 정사면체의 각도인 109.5°보다 작은 104.5°

가 된다.

그러면 고립전자쌍이 존재하면 무조건 굽은 모양이 될까?

과연 그런지 알아보기 위해 마지막으로 ICl_2^- 이온의 구조를 살펴보자. 음(-)이온은 그 물질의 주위에 전자 하나가 더 존재한다는 의미다. 여기서 중심원자는 요오드I이고 바깥껍질에 7개의 전자를 가지고 있다. 2개의 염소Cl 원자로부터 각각 1개씩의 전자를 받아 공유하며 결합하고 있고 음이온의 전자 1개까지 합하면 요오드의 주위에는 10개의 전자가 존재한다. 여기서 혹자는 왜 옥텟을 만족하지 않을까 하고 의아해 할지도 모른다. 주기율표에서 3주기 이후의 원소들은 d 오비탈을 사용할 수 있기 때문에 필요하면 옥텟보다 더 많은 전자를 가질 수 있는데 이를 옥텟의 확장이라고 일컫는다.

이 다섯 쌍의 전자 중 요오드와 결합을 하는 염소 원자가 2개 있으니 두 쌍은 결합전자쌍이고 나머지 세 쌍이 고립전자쌍이다. 그럼 3개의 고립전자쌍과 2개의 결합전자쌍 중 어느 쪽의 반발을 더 신경 써야 할까? 두말할 나위 없이 부피가 커서 훨씬 더 큰 반발을 야기하는 고립전자쌍들끼리의 그것이다. 한편, 다섯 쌍의 전자가 반발을 최소화하는 구조는 삼각형 평면에다 그 중심의 위아래로 그 평면에 직각인 축이 있어 삼각뿔이 위아래로 두 개 합쳐진 모양을 하였다고 해서, 이를 삼각쌍뿔체trigonal bipyramid라 한다. 중심원자인 요오드가 sp^3d 혼성 오비탈을 이루고 있다는 의미다. 이 5개의 꼭짓점 중 어디에 세 분의 고립전자쌍을 모시면 좋을까? 세 쌍이 서로 120° 떨어져 있는 삼각형 평면에 모두 모시는 것이 최상의 방책이다. 왜냐하면 2개밖에 없는 축으로 고립전자쌍 2개를 보내면 나머지 한 쌍은 삼각형 평면에 갈 수밖에 없다.

그렇게 되면 고립전자쌍들끼리 서로 90°로 가까이 있게 되어 반발력이 너무 커지게 되므로 바람직하지 않다. 이렇게 고립전자쌍을 삼각형 평면에 먼저 모시고 나면 남는 자리는 축에 있는 두 자리다. 비로소 여기에 2개의 염소원자가 조심스레 자리 잡게 된다. 그러므로 [Cl-I-Cl]⁻ 이온은 중심원자에 3개의 고립전자쌍이 있음에도 일직선 모양을 가지게 된다. 고립전자쌍이 있는지 여부보다 어디에 존재하느냐가 구조를 달라지게 한다.

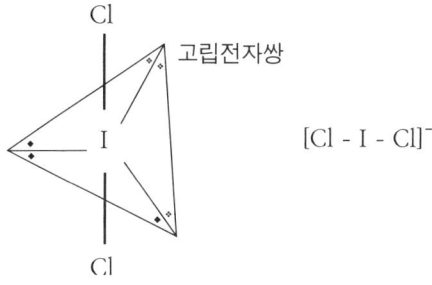

이제까지의 이론을 간단히 말한다면, 화합물이나 이온의 구조는 중심원자가 가지는 전체 전자 수에 의해 결정되는데, 그 전자 수는 결합전자쌍과 고립전자쌍의 수를 합한 것으로서, 전자들 사이의 반발, 그 중에서도 고립전자쌍들의 반발을 최소화하도록 결정된다.

이와 같이 중심원자가 이루는 혼성 오비탈과 각 전자쌍들이 그 서열

에 따라 어느 자리에 들어가는가에 따라 분자의 구조가 달라지니 분자의 세계에서 서열의 권위가 어떤지 가히 경외할 만한 수준이다. 하기는 부모가 마련한 집에 꼭 서열이 높아서라기보다 몸집이 먼저 커버린 맏이를 어린 동생보다 큰 방에 들어가라고 하는 것이 당연하지 않은가.

내가 젊었을 때는 서열이 무섭다고 느낀 적이 많았다. 우선 어렸을 때는 딸이라고 차별대우를 받아 마음 아파했던 기억이 있다. 사실 우리는 다른 집에 비해 그리 차별이 심한 편도 아니었지만, 나는 유난히 심하게 느꼈던 것 같다. 내가 공부를 열심히 했던 것도 좋은 결과가 나오면 부모님의 관심이 내게 집중되었기 때문이고, 약삭빠르거나 의도적이지는 않았지만, 아마도 무의식중에 그분들의 관심을 계속해서 받는 것이 좋아 눈물겹게 노력하는 길을 택했던 것 같다. 부모님의 사랑이 어찌 공부로 결정되겠는가마는 이후 내게는 '마마 걸'이란 닉네임이 붙어다녔다.

여자가 느끼는 서열 차이는 결혼하면서 더 크게 다가온다. 직장 다니며 결혼한 여성들의 고민은 대개 비슷하다. 시부모가 경제적 능력이 안 될 때 함께 사는 건 당연시하면서도 친정부모와 함께 살려면 시집이나 남편의 눈치가 보인다. 둘이 함께 일하고 와도 집안일과 자식교육은 여자에게는 필수인 반면, 남자에게는 선택이다. 이 외에도 수없이 많다.

그리고 그것이 법 때문이든, 관습 때문이든 속으로는 억울해 하고 불평하면서도 겉으로는 아무 소리 못하고 그대로 따를 수밖에 없었는데, 이제 나이 들어 대접 좀 받나 했더니 요즈음에는 나이로 서열을 따진다면 고리타분한 늙은이라고 따돌림이나 받기 십상이다. 언젠가 TV

에서 젊은이의 못된 행동을 나무라는 노인에게 그 젊은이가 삿대질하며 함부로 대하는 것을 보며 이 세상 참 어찌 돌아가나 씁쓸해 한 적이 있다.

  언젠가 내 나이를 잊고 실수를 저지른 것을 생각하면 지금도 쓴웃음이 난다. 굉장히 피곤했던 어느 날, 전철에서 노약자석에 앉게 되었다. 비록 그 자리에 앉았으나 아직 무임승차할 나이는 아니었으므로 내 자리 같지 않았던 게 문제였다. 나이 드신 분이 내 곁에 오자 내가 그만 자리에서 벌떡 일어났던 것이다. 그런데 그 사람의 표정이 영 좋지 않았다. 그러고는 손사래를 치며 극구 나보고 다시 앉으라는 것이었다. 왜 그럴까 의아해 하며 다시 앉았을 때에야 '아! 실수했구나.' 했다. 입장 바꿔 생각해보니 '내가 그렇게도 늙어 보인단 말인가' 하고 기분이 나빴을 것이다. 내 주제 파악을 못한 탓이다. 그런데 그건 우리가 젊었을 때 나이 많은 어른이 버스에 타면 앉아 있다가도 조건반사처럼 자리를 양보하곤 했던 습관 때문이리라. 그래서 아직은 노약자석에 가기가 두렵다.

  모임을 가질 때, 내가 제일 나이가 많을 경우가 대부분인데 나를 배려해서 장소를 정해주는 경우는 오히려 나와 나이 대가 비슷한 사람들의 모임에서다. 혹시라도 그들이 가기에 편리한 곳에서 만나더라도 헤어질 때는 우리 집까지 차로 데려다주기까지 한다. 반면 나와 나이 차가 많이 나는 젊은이들과 만날 때는 스승과 제자 사이가 아닌 한 오히려 나에 대한 배려가 적을 때가 많다. 나이 서열을 중요시하지 않게 된 사회 분위기 탓이기도 하지만, 요즈음 공부만 하라고 자식들을 지나치게 대접해주는 부모들로 인해 어른 대접하는 법을 배우지 못했기 때문에 더 그런 것 같다. 우리 세대는 시부모님을 모시면서도 잘못한다고 책잡히는 경우가 많았지만 요즈음은 같이 살기는커녕 도리어 며느리 흉보는 시어머니는 교양이 없고 무언가 문제 있는 사람으로 취급되기도 한다. 그래도 우리 세대를 불쌍하게는 보았는지 '낀 세대'라 한다나?

그런데 요즈음 우리 앞에 엄연히 도사리고 있는 서열이 있다. '나이 서열'이 아니라 '능력 서열'이다. 나이의 서열은 필요없고 경쟁력만이 살아남을 길이라는 말에, 최선을 다해 산업역군으로 여기까지 걸어온 나이 든 세대들은 어쩔 수 없는 줄 알면서도 나날이 새로워지는 문물에 발맞추기 힘겨워 일찌감치 물러나거나 아니면 후배들에게 당하는 무시와 냉대를 감수해야 한다. 그에 대해 불평하면 혁신에 걸림돌이 되는 '수구 세력'으로 몰리고, 기본도 못하는 사람이라는 소리를 듣는다.

아무 노력 없이 그저 나이 먹은 것으로만 대접 받겠다고 해서도 안 되겠지만, 기본 인권마저 존중받지 못하는 사회 풍토는 진보보다 더 큰 상처를 남겨주게 되리라는 것을 간과해서는 안 될 것이다. 그들이 쌓아온 학문적, 산업적 경험뿐 아니라, 산전수전 겪고 나서야 얻을 수 있는 정신적인 여유 같은 것은 후배들이 배워야 하는 보물이기 때문이다. 그들이 속한 경쟁사회를 한 걸음 물러서서 즐거운 사회로 이끌 수 있는 사람들도 이들이다. 무슨 일이든지 열심히 하는 사람은 즐겁게 하는 사람을 이길 수 없다지 않은가.

자식들도 자기 배우자나 이성 친구에게는 얼마든지 내어줄 시간이 있는 반면, 부모에게는 쥐꼬리만큼밖에 시간을 내주지 않는다. 그러면서도 장래의 성공에 큰 손해라도 볼 것처럼 그 시간을 아까워하는 경우가 많다. 하긴 젊었을 때는 너나 할 것 없이 그랬으니 누굴 탓하랴. 내리사랑 아닌가. 그러니 가족들 간에도 순위 늦어지는 것만 애통해 하지 말고 그저 나이 먹을수록 봉사도 하고, 여행도 하고, 영화도 보고, 운동도 하면서 혼자 그리고 친구들과 시간을 즐기는 방법을 부지런히 개발해야 할 것이다.

그래도 내 서열을 존중받고 싶다면 어쩌지?

두 아들만 둔 탓에 나는 어쩔 수 없이 그들에게 모두 5번 이후가 될 것이라 했다. 그런데 지난 여름 2번을 보러 가고 싶은데 여러 가지 이유로 못가겠다 엄살 좀 부렸더니 1번이 득달같이 2번을 내게 데려왔다. 고마운 1번 같으니라고! 그럼 나는 몇 번?

그래. 그저 나는 5번이거니 하고 살다가 가끔씩 2번도 되고, 3번도 될 때 감사할 줄 알면 그게 바로 행복의 시작이고 존중받는 방법이 아니겠는가.

Transitien Metal Complexes

_ 전이금속 원소가 그와 배위결합을 하는
  리간드ligand들과 함께 만드는 화합물

> 내가 불구라는 것에 화를 내는 것은 시간 낭비입니다. 만약 당신이 언제나 화를 내고 불만을 토로한다면 다른 사람들은 당신을 위해 시간을 내주지 않습니다.
>
> —스티븐 호킹

전이금속 착화합물

"당신의 인생을 망친 건
내가 아니라
나약한
당신이에요"

주기율표에서 원소는 크게 전형원소와 전이금속원소들로 나눌 수 있다. 전이금속transition metal, 轉移金屬 또는 전이원소transition element, 轉移元素는 주기율표의 d구역 원소를 말한다. 주기율표의 3족에서 12족 원소가 모두 포함된다. 전이금속이라는 이름은 원소들을 분류하던 초기에 원자번호 순으로 원소를 나열하면 이 원소들이 전형원소에서 전형원소로 전이되는 중간단계 역할을 한다 하여 붙여진 이름이다.[85]

전이금속원소 중 자연계에 가장 많은 것은 4주기에 있는 가벼운 원소로 된 화합물로, 이들은 우리의 일상생활에서 여러 용도로 사용되고 있다. 타이타늄의 산화물은 안료로 쓰이고, 합금은 가볍고 단단해서 제트기관 소재로 쓰인다. 바나듐은 자동차의 충격완화 장치나 차축에 사용되고, 크로뮴은 스테인리스 스틸의 재료로 쓰이기도 하고 유화 안료에도 쓰이며, 전선으로 사용되는 구리도 있다. 이밖에 장식품이나 치과 용도로 많이 쓰이는 금, 백금 등도 모두 전이금속이다. 또한 이들의 화합물은 아름다운 색을 띠고 있으며, 산업적으로 중요한 반응을 하는 촉매로 사용될 수 있기 때문에 화학 분야에서 매우 중요한 자리를 차지한다.[86] 이들이 일반적인 **산화상태**, 즉 +2나 +3가價의 산화상태일 때 d 오비탈에 완전히 채워지지 않는 전자구조를 갖게 된다. 참고로 d 오비탈은 전자 10개면 완전히 채워지는데, 전이금속원소들 중 첫 번째 주기에 있는 21번부터 30번 원소인 스칸듐$_{Sc}$, 타이타늄$_{Ti}$, 바나듐$_{V}$, 크로뮴$_{Cr}$, 망가니즈$_{Mn}$, 철$_{Fe}$, 코발트$_{Co}$, 니켈$_{Ni}$, 구리$_{Cu}$, 아연$_{Zn}$이 전자 2개를 잃고 +2가의 산화상태가 되면 d 오비탈의 전자 수는 차례로 1개에서 10개까지 가지게 된다.

전이금속원소는 그와 배위결합을 하는 리간드$_{ligand}$들과 함께 **착화합물**錯化合物을 만든다. 리간드란 배위결합하고 있는 화합물의 중심금속 이온의 주위에 결합하고 있는 분자나 이온을 의미하며, 착이온 안에 존재한다. 이러한 분자나 이온이 중심금속 이온에 고립전자쌍을 제공하여 배위결합이 형성되므로 리간드로 작용하기 위해서는 반드시 고립전자쌍을 가지고 있어야 한다. 특히, 리간드는 금속이온과 공유결합을 하고 있기 때문에 수용액에서 해리되지 않는다.[87]

그런데 금속의 d 오비탈에 있는 전자 수가 몇 개인가에 따라 이들 착

산화상태(=산화수) 산화수(酸化數)는 화합물 내에서 원자가 가진 전하의 양이다.
착화합물 착화합물은 착이온을 포함하는 물질을 말한다. 전이금속이 중심원자인 착화합물은 특유의 색을 가지며, 흔히 촉매로 사용된다. 중심금속이 2개 또는 그 이상의 여러 자리에 배위가 가능한 리간드와 배위결합하여 생긴, 고리 모양의 구조를 가진 착화합물을 킬레이트라 한다.

화합물의 반응성이나 안정도가 달라진다. 같은 종류와 같은 수의 리간드와 결합하고 똑같은 구조를 가지고 있다 해도 금속이 다르면 그 반응성이 현저하게 달라진다는 말이다. 예를 들면 화학식으로만 볼 때는 단순히 똑같이 6개의 동일한 리간드인 물로 배위된 $V(H_2O)_6^{2+}$와 $Cr(H_2O)_6^{2+}$이지만, 중심금속 원자가 다르면 다른 분자와 반응하는 속도가 다를 뿐 아니라 구조마저도 다르게 변형된다. 더 정확히 말하면 금속 원자가 가지는 d 오비탈의 전자 수에 기인한다. 참고로 V^{2+}는 d 오비탈에 있는 전자 수가 3개이고 Cr^{2+}는 4개다.

한편, 전이금속의 d 오비탈은 5개가 있는데, 금속 원자가 아무와도 결합하지 않은 자유이온 상태에서는 5개의 d 오비탈은 똑같은 에너지를 가진다. 그러나 6개의 리간드가 들어와 금속과 배위결합하여 정팔면체 구조의 착이온이 되면, d 오비탈의 에너지는 두 가지로 갈라지게 된다. 그 5개 중 두 개의 오비탈은 축을 따라 존재하고, 3개는 축과 축 사이에 있다. 리간드들은 축 방향으로 결합하기 때문에 축을 따라 존재하는 오비탈에 있는 전자는 리간드의 고립전자쌍과 직접 만나게 되어 반발하게 된다. 그렇게 되면 그들은 불안정해지고 대신에 직접 만나지 않는 나머지 3개의 오비탈은 안정하게 된다.[88]

$V(H_2O)_6^{2+}$ 이온과 같이 d 전자가 3개 있을 경우에는 전자 3개가 모두 그 3개의 안정한 오비탈에 하나씩 들어가게 되어 이 착이온은 안정해질 것인데 반해, $Cr(H_2O)_6^{2+}$의 경우에는 4개여서 4번째 전자는 불안정한 d 오비탈에까지 들어가게 되어 안정해지는 정도가 적어져 $V(H_2O)_6^{2+}$보다 불안정하다. 결국 $V(H_2O)_6^{2+}$의 안정도가 더 크기 때문에 그의 반응 속도는 $Cr(H_2O)_6^{2+}$보다 느려지게 된다. 같은 종류와 같은 수

의 리간드와 결합해도 금속의 전자 수가 다르면 반응성이 달라진다는 것을 보여주는 것이다.

그에 더하여 $Cr(H_2O)_6^{2+}$의 반응 속도를 빠르게 하는 요인이 하나 더 있으니 그것은 구조의 일그러짐 현상이다. 자연은 한없이 안정을 추구하며 어떤 이유로든 더 안정하게 될 수만 있다면 그 방향으로 계속해서 진행해간다. 4개의 전자를 가진 $Cr(H_2O)_6^{2+}$의 경우가 그것으로, 더 안정해지기 위하여 정팔면체의 구조는 변형된다. 이를 얀-텔러 변형이라 한다.[89]

예를 들어 세로 축 방향으로 길어지면 정팔면체 구조에서 높은 에너지를 가진 두 개의 오비탈은 또다시 2개로 갈라져 에너지가 더 높은 것과 낮은 오비탈로 나뉘게 된다. 이때 $Cr(H_2O)_6^{2+}$의 4번째 전자는 그 중 낮아진 오비탈에 들어가게 되니 정팔면체 구조일 때보다 일그러짐으로써 더 안정되는 것이다. 그런데 그 일그러짐이라는 것은 리간드와 금속 원자의 길이가 길어지는 현상을 말하고, 결합이 약해서 잘 끊어질 수 있다는 뜻이니 반응성이 커질 수밖에 없는 것이다. 그러면 $V(H_2O)_6^{2+}$의 경우는 어떠한가? 이때는 3개의 전자를 가지므로 정팔면체일 때나 일그러졌을 때나 에너지의 차이가 없어 더 안정해지지는 않기 때문에 6개의 리간드일 때 가지는 가장 이상적 구조인 정팔면체를 유지하는 것이다.

아무리 같은 환경에 있더라도 오로지 그 화합물의 특성을 결정짓는 것은 중심원자라는 점을 보면서, 무엇이든 잘못되면 자신을 돌아보는 대신 남을 탓하기 좋아하는 우리 인간에 대하여 생각해보게 된다. 그런 의미에서 월간지 〈행복한 동행〉(2010년 1월호)에 실린 '인생을 망친 장본인'이라는 다음의 글이 마음에 와닿는다.

촉망받는 피아노 연주자가 있었다. 그녀는 일곱 살 무렵 세계적인 피아니스트의 연주를 듣고는, 그 감동을 잊지 못해 남은 인생을 전부 피아노에 쏟기로 결심했다.

한창 기량을 키워가던 어느 날, 그녀는 그 피아니스트가 제자를 구한다는 소식을 접하고 한걸음에 달려가 오디션에 임했다. 만족스런 연주였다고 자부했지만 그녀에게 돌아온 답변은 싸늘했다.

"당신의 연주에선 별다른 재능이 느껴지지 않는군요. 피아니스트로 성공하긴 글렀어요. 그만 돌아가세요."

그녀는 엄청난 충격을 받은 나머지, 그 길로 집에 돌아와 피아노를 그만둬버렸다. 평범한 중년 여성으로 살아가던 어느 날, 그녀가 사는 마을에 예전의 그 피아니스트가 찾아와 연주회를 열었다. 문득 수년 전의 수모가 생각난 그녀는 피아니스트에게 찾아가 따져 물었다.

"당신이 내 인생을 망쳐놓았어요! 당신만 아니었다면 난 지금처럼 살진 않았을 거라고요!"

놀랍게도 피아니스트는 그녀를 기억하고 있었다. 그리고 조금의 흔들림도 없이 이렇게 말했다.

"당신이군요. 연주가 인상 깊어 기억하고 있지요. 당신 연주는 아주 뛰어났어요."

"그런데 왜 그때는 그런 모진 말을 했죠?"

"난 모든 기대주들에게 똑같은 말을 합니다. 세계적인 연주자가 되기 위해선 남이 뭐라 하건 스스로를 믿는 믿음이 필요하니까요. 당신이 내 말 때문에 피아니스트의 길을 포기했다면, 분명 그 뒤 연주자에게 따르는 비난과 혹평도 견디지 못했을 거예요. 당신의 인생을 망친 건 내가 아니라 나약한 당신이에요."

이 글을 읽고 처음에는 혹평 때문에 망친 그녀의 인생이 가엽게 느껴졌고 혹평을 한 그 피아니스트가 무척 원망스럽기도 했다. 그러나 다시 생각하니 이 글의 끝 부분에서 보듯이 그녀가 남의 말에 그렇게 쉽게 포기하는 사람이라면 연주자가 되었더라도 그 일에 따르게 마련인 비난과 혹평을 견디지 못했을 것이라는 피아니스트의 말이 마음 깊이 남는다.

이 이야기는 결국 인생을 행복으로 이끄느냐, 불행으로 이끄느냐는 남이 아니라 전적으로 자신에게 달려 있음을 깨달아야 한다는 교훈을 주고 있다. "내가 가진 것이 없기 때문에" "내가 그렇게 키워졌기 때문에" "내가 많이 상처받았기 때문에" 같은 말을 하는 어리석음을 범하지 말고 "…에도 불구하고" 살라는 의미다.

어느 심리학 강의에서 들은 얘기다. 외부에서 자극을 받았을 때, 그에 대응하는 방법에 따라 사람은 반응자反應者와 행위자行爲者 두 종류로 나뉜다고 한다. 반응자는 누가 적대적인 행동을 하면 그와 똑같이 적대적으로 대응하기에 자판기에 동전을 넣으면 그에 맞는 가격의 음료수가 나오는 것과 같다고 하여 자판기 같은 사람이라 한다. 한편, 행위자는 상대방의 행위에 대하여 자신이라는 깔때기로 다시 걸러서 대응 행동을 함으로써 자신의 행위에 책임을 질 줄 아는 사람이다.

자신에게 불행이 다가올 때마다 그렇게 된 원인을 모두 남에게 돌리고 불행을 내게 넘겨준 그 몹쓸 놈의 인간도 내가 억울한 만큼 불행해져야 한다고 생각하지만, 그럼으로써 불행해지는 사람은 바로 자기 자신이다. 내가 이다지도 잠 못 자고 괴로워하고 있는 바로 이 순간에도 그 인간은 자신의 잘못을 깨닫기는커녕 편히 지내고 있을 것이기 때문이다. 또 억울하다고 주위 사람들에게 호소해봤자, 처음 얼마간은 들어주면서 위로도 해준다. 그러나 그 기간이 오래되면 아무리 친한 사이라도 함께 나누는 일에 지치고 또 지겨워지게 되어 하나둘 내 곁을 떠나게 된다. 만났을 때 행복을 나누어주는 사람과 함께하고 싶은 것이 인지상정이니까.

그럼 어떻게 해야 할까? 답답한 채 이대로 살아야만 하는 것일까? '왜 악인들은 잘 살아가는데 나 같이 착한 사람들은 힘들게 살아야만 하는가.' 하고 우리는 생각한다. 그런데 너나 할 것 없이 나는 선한 사람이고, 잘못은 남에게 있다고 생각하는 데 문제가 있으니 참 '씁쓸한 세상'이다.

더 놀라운 것은 나만 상처받은 것 같지만 상대도 나 못지않게 나로 인하여 상처받았다는 사실이다. 우리 주위에서 유난히 많은 사람들의 비난을 받는 사람에게 가서 물어보라. 그들도 다 자신만이 선한 사람이며 상처받은 피해자라고 여긴다. 테레사 수녀를 제치고 천국에 갈 수 있는 사람 1위가 바로 자기 자신이라 한 것만 보아도 알 수 있다.

또 그들은 '지금'이 가장 중요한 순간임을 깨닫지 못하고 '과거'에 짓눌려 상대방의 잘못을 꼼꼼히 기억한다. 도저히 돌이킬 수 없는 과거에 집착하는 것처럼 어리석은 일이 어디 있을까? 게다가 자신은 아무 잘못이 없고 모두가 남의 탓이니 반성이나 회개가 없을 뿐 아니라, 그 상태에서는 상대방이 용서를 청해도 받아들일 수가 없다. 자신의 틀에 박혀서 자신의 상처에 눈이 멀어 상대방도 큰 상처를 받은 것을 볼 수 없으니 그러하다. 그리고 어쩌면 상대는 이미 그를 용서하고 사랑하기 시작했는지도 모르는데 그 상대가 하는 일마다 자신을 미워하는 행동이라고 해석한다.

그렇게 바위 같이 굳은 사람을 내 마음에 맞게 바꾸는 것, 내 앞에 무릎 꿇고 눈물 흘리며 잘못을 회개하도록 하는 것이 과연 내 힘으로 가능할까? 불가능하다. 그럼 누구의 힘으로 할 수 있는가. 불행하게도 그건 어느 누구의 힘을 빌려도 가능하지 않다.

그러면 하늘이 도와 상대방이 진심으로 반성하고 내게 무릎 꿇는다고 해서 문제가 다 해결될까? 처음에는 내 마음대로 된 것 같아 가슴이 뻥 뚫린 듯 시원하지만, 과연 그 마음이 오래갈까? 결코 아니다. 왜냐하면 이제 그 상대방은 나의 공인받은 죄인이 되었기 때문이다. 그래서 그 죄인의 행동을 보며 과연 죄과를 잘 치르고 있는지, 계속 내게 머리를 조아리고 있는지를 점검하기 시작한다. 사실 상대방은 무릎 꿇은 사실만으로도 엄청난 일을 한 것인데, 나는 그걸 인정할 수 없다. 그는 당연히 잘못해서 그랬을 뿐이니까. 그러는 사이에 완벽할 수 없는 그는, 아니 누군들 완벽한 사람이 있을까마는, 또 내게 상처를 주기 시작한다. 그러니 '나는 잘못이 없는데 당신을 너그럽게 봐줘서 용서한다.'는 식의 마음가짐은 어느 누구에게도 도움이 되지 않을 뿐 아니라 상대에 대한 미움이 다시 살아나게 한다.

결국 내가 할 수 있고 또 해야 할 일은 오직 내 마음을 바꾸는 것뿐이다. 그 일에 대하여 마음을 비우고 내려놓는 방법밖에 없다.

내가 윗자리에서 상대방을 내려다보며 '네 죄를 용서하노라.' 식이 아닌 진정한 용서만이 끊임없이 내가 이루어내야 할 일이며 걸어가야 할 형극의 길이다. 그것이 쉬운 일이라면 인류 역사 내내 용서에 대한 책과 강의가 그렇게 수도 없이 쏟아져나왔겠는가. 아무리 어렵더라도 역시 답은 무조건 용서다. 그런데 그 원수를 용서하는 일은 너무 어렵다.

따라서 용서도 연습과 노력이 필요하다. 우선 주위에서 그 원수만큼은 아니지만 내게 작게나마 고통을 준 사람부터 용서해본다. 예를 들면, 운전하다가 끼어드는 사람에게 화가 나지만 그 사람을 마음으로 용서한다. 또 주위 사람들에게 선한 일을 하거나 희생을 한다. 단, 그 일을 하는 동안, 내가 용서나 희생을 한 만큼의 공功이 상대방의 마음이 열리게, 자식의 앞날이 잘되게, 또는 내게 어려움을 호소해왔던 사람에게 도움이 되게 쓰일 거라는 믿음을 가지면 그만큼 마음이 편해지지 않을까? 내게도 겉으로는 남에게 좋은 일을 한 것 같지만 결과적으로는 나를 위한 것이 되고 또 그래서 억울한 느낌도 많이 줄어들었던 경험이 있다.

또 다른 방법은 그 사람의 자리에 서보는 것이다. 그는 나의 생각과 행동을 어떤 시선으로 바라보았을까? '아! 그도 나 때문에 힘들었겠구나.' 하는 생각이 조금이라도 든다면 반성의 시간이 되는 동시에 용서가 시작된다. 그리고 인내하며 시간이 가기를 기다려야 한다. 그렇게 살아가는 동안 나도 상대방이 했던 잘못을 어쩔 수 없이 범하게 되고 그의 부족함을 이해하게 된다. 전지전능한 존재가 아닌 우리에게 결함이 없을 수 없기 때문이다. 그 결함을 가진 나를 너그럽게 받아주며 나 자신도 용서하고 사랑하자. 다른 사람이 나를 미워할 거라 생각하는 것은 바로 나 자신이 나를 미워하고 용서하지 못했기 때문이므로.

그렇게 용서의 범위를 넓혀가다 보면 어느새 주위에 행복을 주는 사람이 되고, 결국에는 절대로 할 수 없다고 생각했던 원수까지 용서할 수 있게 되지 않을까. 그가 나를 어떻게 생각하든 내가 그를 용서하면 내 마음이 평화로워진다. 그러는 사이 행복은 슬그머니 내 품에 들어온다. 나를 진심으로 사랑해주는 친구도 많아진다.

그러니 용서는 남을 위해서 하는 것이 아니라 나를 위해서 반드시 해야 한다. 이 세상에서 가장 소중한 존재는 바로 내가 아닌가. 누군가를 미워하느라고 나를 괴롭히지 말자. 그럴 때 나를 사랑해주는 사람이 눈에 들어오기 시작하고, 또 그렇게 나를 미워하기보다는 사랑해주는 더 많은 사람들에게 감사하는 마음으로 나를 채울 수 있다. 내게 감사할 일이 훨씬 많았는데도 괴로운 일에 초점을 맞춰 살아오지 않았는지 곰곰이 생각해볼 일이다. 거저 받은 행복이 얼마나 많은데 누군가에게 내 행복을 빼앗겼다고 억울해 하느라고 시간을 낭비하지는 않았는가.

모든 것은 내가 할 탓이다. 중심금속이 전이금속 착화합물의 특성을 가장 크게 좌우하듯이, 평생을 남을 탓하며 불행하게 살아갈지, 훌훌 털어버리고 감사하며 행복한 삶을 영위해나갈지는 모두 내게 달렸다. 이건 나 자신에게 주는 말이다.

Hard-Soft Acid-Base

_ 산과 염기의 굳은 정도로 분류

> 어쩌다 가끔 공식적인 자리에서 봉고를 연주해달라는 주문을 받는다. 그러나 나를 소개하는 사람은 내가 이론물리학을 하고 있다고 말할 필요를 전혀 느끼지 못하는 것 같았다.
>
> —리처드 파인만

굳은 산·무른 산

세상사란
서로 싸우면서도
화해하고 도와가며
함께 걸어가는 길

　　　　　　　산酸, acid에도 무슨 굳은 산과 무른 산이 있을까 의아해 하겠지만 피어슨R. G. Pearson은 산과 염기鹽基, base의 굳은 정도로 그들을 분류하였다. 산에 대응하는 염기도 굳은 염기와 무른 염기가 있어서 굳은 산은 굳은 염기와, 무른 산은 무른 염기와 반응하는 경향이 있다. 이를 하드-소프트 산-염기 이론Hard-Soft Acid-Base Theory이라 하며 줄여서 HSAB 이론이라 부른다.[90]

　굳고 무른 산이나 염기가 무엇인지를 말하기 전에 먼저 산·염기가 무엇인지 알기 위해 이에 대한 대표적인 몇 가지 정의를 짚어보는 것이 좋겠다.

　1887년 아레니우스Svante August Arrhenius는 가장 먼저 산과 염기에 관한 정의를 내렸다. 그는 수용액에서 해리하여 수소 이온 H^+(양성자), 또는 **수화**水化된 히드로늄이온H_3O^+을 내는 물질을 산이라 하고, 수산화이온

OH⁻을 내는 수산화물을 염기라 하였다.

그러나 이 정의로는 수산화이온이 없으면서도 염기로 작용하는 암모니아$_{NH_3}$ 같은 물질에 대해서는 설명할 수 없다는 한계가 있었다.

그리하여 브뢴스테드-로우리Brönsted-Lowry는 다른 물질에 H⁺를 제공할 수 있는 물질을 산, 다른 물질로부터 H⁺를 제공받을 수 있는 물질을 염기로 정의하였다. 여기서는 모든 물질이 서로 **짝산**과 **짝염기**가 된다. 또한 어떤 물질과 만나느냐에 따라 같은 물질이라도 산 또는 염기로 작용할 수 있다. 예를 들어 물은 산과 만나면 짝염기로 작용하고, 염기와 만나면 짝산으로 작용한다.

위에서 말한 산이나 염기는 양성자나 수산화이온을 낼 수 있는 이온결합 화합물이다. 그러나 이온결합 화합물뿐 아니라 유기화합물에서 공유결합을 하는 물질도 산과 염기로 분류하여 더 광범위한 화합물들이 포함되었다. 옥텟 규칙으로 유명한 루이스G. N. Lewis는 전자쌍을 받는 물질을 산, 전자쌍을 주는 물질을 염기라 정의함으로써 현대의 화합물이나 화학반응의 성질을 논할 때 가장 많이 사용하는 개념을 확립하였다.

이렇게 화학에 많은 공헌을 한 그는 어떤 사람인가?[91]

"화학자는 영혼을 잃어버릴 수는 있어도 용기를 잃어버릴 수는 없다. 만일 화학자가 지옥으로 떨어지면서 끓는 용광로의 유황 냄새를

수화 수용액 속에서 용해된 용질 분자나 이온을 물 분자가 둘러싸고 상호작용하면서 마치 하나의 분자처럼 행동하게 되는 현상을 말하는데, 물이 양극성 물질이기 때문에 일어난다.
짝산–짝염기conjugate acid-conjugate base 브뢴스테드와 로우리의 산·염기 정의에 따르면 양성자(H⁺)를 주고 받음에 의해 산과 염기가 결정되는데, 이때 양성자의 이동에 의해 산과 염기가 되는 한 쌍의 물질을 짝산-짝염기라고 한다.

맡게 된다면, 아마 다음과 같이 말할 것이다. '지옥의 사자여, 나에게 시험관을 주시오.' 라고."

이는 루이스가 그의 대중 강연 중에 한 말로 아마도 자신도 그랬고 화학자라 불리고 싶다면 적어도 이런 열정을 가져야 한다는 뜻일 것이다. 루이스는 하버드대학교에서 박사학위를 받고 MIT 화학과 교수를 거쳐 1912년 캘리포니아대학교 버클리 캠퍼스로 자리 잡은 후 1946년 사망할 때까지 무려 34년간 연구실을 지켜왔다. 그러면서 화학결합 이론을 비롯한 수많은 선구적인 연구업적을 쌓는 동시에 다음 세대 화학자를 많이 길러냈다.

세계의 과학자들은 루이스를 미국 화학의 아버지로 칭송한다. 화학 발전에 기여한 업적도 대단하지만, 무엇보다도 대단한 것은 훌륭한 제자를 많이 키워냈고, 버클리 캠퍼스를 세계 화학연구의 중심지로 만든 점이다. 비록 자신은 노벨 화학상을 수상하지 못했지만, 그의 제자 중 다섯 명이 노벨 화학상을 수상했다. 루이스는 학생들이 기본원리를 제대로 학습하게 하려고 실험실습과 연습문제풀이를 특히 강조했다. 이 두 가지는 화학교육의 중요한 교육방법으로 자리 잡게 된다. 그는 대학원생을 선발할 때도 얼마나 화학지식을 많이 알고 있는가가 아니라, 얼마나 과학자로서의 자질이 뛰어난가에 초점을 맞추었다.

이런 루이스에게 약점이 있었다면 바로 어리석음을 참지 못하는 것이었다. 그는 바보 같은 코멘트나 잘못된 정보를 결코 그냥 넘기지 않았다. 그래서 루이스 앞에서 코멘트를 할 때에는 항상 조심해야만 했다. 이 부분에서 내 양심이 찔렸다. 루이스는 훌륭한 화학자이기나 하지, 나는 그렇지도 못하면서 학생들을 마구 질책하곤 했기 때문이다.

옥텟 규칙으로 유명한 루이스

한편 이제까지의 산·염기의 정의와는 색다르게 피어슨R. G. Pearson은 산과 염기가 굳은 정도에 따라 다르게 작용한다는 것을 제안하였다. 일반적으로 주기율표에서 아래쪽 주기에 있는 원자는 크기 때문에 무르고, 위쪽 주기에 있는 작은 원자들은 단단하다. '작은 고추가 맵다', '키 크고 싱겁지 않은 사람 없다'는 우리 속담이 생각난다. 원자의 사이즈가 커지면 전자밀도가 줄어들어 무르게 된다는 뜻이다.

이렇게 산과 염기가 반응할 때 그 반응에서 직접 만나게 되는 원자들의 굳은 정도에 따라 생성물이 달라진다고 설명하였다. 6주기의 무른 산 수은$_{Hg^{2+}}$ 이온과 단단한 2주기의 굳은 염기 플루오르$_{F^-}$ 이온이 만나 만들어진 물질 HgF^+ 이온과 굳은 산인 3주기의 알루미늄$_{Al^{3+}}$ 이온이 만나면 어떻게 되는지 생각해보자.

이들이 수용액 속에 있게 되면, 이온결합 화합물은 해리되므로 Hg^{2+}, F^-, Al^{3+} 이온이 따로 존재하는 셈이다. 이렇게 되면 HgF^+ 이온으로 그대로 있기보다는 굳은 산과 굳은 염기가 만나 만들어지는 AlF^{2+}가 더 많이 생성되는 쪽으로 반응이 진행될 것이다.

$$Al^{3+} + HgF^+ \rightleftharpoons AlF^{2+} + Hg^{2+}$$

그러나 F⁻ 대신에 사이즈가 크고 5주기의 무른 요오드 이온으로 바뀌면 반응은 다른 방향으로 진행된다. 즉, 무른 I가 단단한 Al^{3+}에서 떠나 무른 Hg^{2+}와 결합한다.

$$AlI^{2+} + Hg^{2+} \rightleftharpoons Al^{3+} + HgI^+$$

그러므로 아래와 같은 반응은 오른쪽으로 진행할 것이다.

$$\text{LiI} + \text{AgF} \rightarrow \text{LiF} + \text{AgI}$$
$$\text{Hard-Soft} \quad \text{Soft-Hard} \quad \text{Hard-Hard} \quad \text{Soft-Soft}$$

이렇게 굳은 산은 굳은 염기와 만나고, 무른 산은 무른 염기를 만난다는 원리를 이용하여 원하는 물질을 합성하는 데 이용한다.

이와 같이 이들은 용액 속에 들어가 있다가 마치 내비게이션 장치라도 있는 양 무른 것이 나타나면 무른 쪽으로 대응하고 굳은 것이 나타나면 굳은 쪽으로 착착 대응하며 기특하리만치 길을 잘 찾아가서 서로 만나 정해진 생성물을 만든다.

나는 길 찾기에는 영 재주가 없는 길치다. 아니 그보다 사람 얼굴 알아보는 데는 더 젬병이다. 어떤 때는 학생이 상담하러 찾아와 한 시간 이상 이야기를 나누었는데도, 그후 버스정류장에서 다시 만나 인사를 하는 그녀가 누구인지 몰라서 당황했던 적도 있다. 그래서 등장인물이 많은 〈007 시리즈〉 같은 영화는 안 본다. 아니, 못 본다. 왜냐하면 누가 어느 편인지, 누가 나쁜 놈인지 도통 구별을 못하는 데다 장면이 너무 빨리 지나가버려 영화를 다 보고나도 영화 내용이 뒤죽박죽되기 일쑤이기 때문이다. 지금은 영화관람을 즐기는 편이지만, 사실 영화 보는 것 자체를 두려워해서 오랫동안 아예 영화관 근처에도 가지 않았다.

나는 또 기계 만지는 데도 젬병이다. 새로운 자동차가 출시되면서 운행 속도가 빨라지면 자동으로 차문이 철커덕 잠기는 장치가 처음 선보였을 때의 이야기다. 그 차를 내가 직접 산 것이 아니어서 단순히 운전만 할 줄 알았지 여러 가지 작동하는 법은 잘 몰랐다. 대개의 기계치들이 그렇듯 나는 어떤 기계든지 매뉴얼 보는 걸 극히 싫어한다. 못할 거라는 두려움이 앞서기 때문이리라. 그 차를 처음 운전하던 날 예의 그 철커덕! 소리에 얼마나 놀랐는지 모른다. 그 소리가 난 후에는 차문 네 개가 동시에 다 잠기는 것이 아닌가. 그리고 내가 운전을 끝내고 내리려고 문을 열자 또 네 개가 동시에 열렸다. 그때 난 이렇게 생각했다. '내가 운전을 마치고 열어야만 저 문들이 열리는구나. 그것도 모르다니 바보 같으니라고!' 어느 날 친구를 태우고 가는데 그때도 당연히 문이 잠겼다. 그런데 그 친구가 자기 딸과 통화를 하더니 딸이 데리러

온다며 중간에 내려달라고 했다. 난 "내가 운전 중이라 문을 열지 못하니 너도 못 내려. 그러니 내 목적지인 학교까지 가야만 내릴 수 있어."라고 말했다. 그녀는 내 말에 아연실색하며 딸에게 "교수님이 문을 못 연다니 학교까지 와서 날 데려가라. 근데 이 사람, 교수 맞나 몰라!" 해서 얼마나 웃었는지 모른다. 그냥 자기 손으로 열어도 될 것을!

기왕 내 바보짓 털어놓는 김에 하나만 더 폭로해볼까 한다. 휴대폰에 얽힌 얘기다. 요즘에는 나이 지긋한 사람들도 문자메시지를 쉽게 주고받지만, 큰 아들이 내게 강제로 가르쳐주었던 6년 전만 해도 흔한 일이 아니었다. 아들이 내게 가르쳐줄 당시에는 뭐 그리 필요 있으랴 싶어 무조건 안 배우겠다고 버텼다. 그런데도 아들은 나와 연락할 때마다 통화를 해야 하는 불편 때문에 가르쳐야겠다면서 그저 속는 셈치고 배워보시라 했다. 알고 보니 그렇게 간단한 것을 무조건 두려워했던 것이다. 학생들이 보낸 문자메시지에 나도 문자로 답신을 보내주자 그들은 놀랍다는 반응을 보였다. 그 순간 아들에게 고마웠다.

그런데 어느 날 내 연구실의 대학원 학생에게 음성인식 기능이라는 것도 있다는데 내 폰에도 그런 게 있느냐고 물어보기만 하고는 기계울렁증 탓에 사용방법까지는 절대로 알 생각을 하지 않았다. 그날 저녁 며칠 있으면 미국에 들어가기로 한 친구와 저녁 약속이 있었다. 좀 먼 거리였지만 시간이 촉박해서 택시를 탔다. 공교롭게도 교통체증이 심해서 늦어지게 되었다. 기다려달라는 말을 하려고 휴대폰을 집어들었더니 아뿔싸! 그녀의 전화번호를 알아내려고 이름을 두드리려는데 상대방의 이름을 말로 하라는 게 아닌가. 대학원생이 내 허락도 없이 음성인식 기능을 넣어놓은 것이다. 당황해서 아무리 글자를 써보려 해도 절대 불가능이었다. 그렇게 몇 번 땀까지 흘리며 시도하다가 에라, 모르겠다는 심정으로 창피를 무릅쓰고 기사를 의식하며 최대한 작은 목소리로 친구 이름을 "○○○!" 하고 불렀다. 그런데 웬걸! 거기에는 발음이 비슷하지도 않은 '○○병원'이 찍히는 게 아닌가. 아니 지금 생각하니 그 친구의 이름과 받침만 같았다. 한숨을 쉬고는, 소리가 작아서 그랬나 싶어 이번에는 큰 소리로 한 번 더 "○○○!" 하고 불렀다. 아, 그런 나의 노력에도 불구하고 거기엔 또 다른 이름이 찍히고 말았다. 급하기도 하고, 이왕 창피한 김에 한 번 더 소리쳐보았으나, 어처구니없는 메아리가 되어 돌아왔다.

기사 아저씨는 뒷자리의 나이든 여인이 갑자기 어떻게 된 것 아닌가 의아했을 것이다. 그러는 사이에 기다리다 못한 친구가 전화를 했다. 나중에 사연을 들은 그들도 똑같은 말을 했다. "화학과 교수 맞아?"

요즈음은 뇌에 관한 얘기를 어디서나 심심치 않게 듣는다.[92] 좌뇌는 언어뇌라고도 해서 좌뇌가 발달하면 언어 구사 능력, 문자나 숫자의 이해, 조리에 맞는 사고 등 분석적이고 논리적인 능력이 뛰어나다고 한다. 우뇌는 이미지 뇌라고도 하며 그림이나 음악 감상, 스포츠 활동 등 감각적인 분야를 담당하며, 공간 인식 능력, 사물의 공간적 위치를 판단하는 능력도 우뇌의 영향이란다. 그러니까 우리가 말을 하고 있을 때는 좌뇌가 나서서 활동하기 시작하고, 목적지를 향해 길을 찾아갈 때는 우뇌가 작동하게 된다. 누군가의 얼굴을 기억해내는 것도 우뇌의 역할이라 하니, 길도 얼굴도 제대로 못 알아내는 나는 우뇌가 심하게 망가진 건 아닌지 모르겠다. 사실 속으로 나는 음악과 미술 감상하기를 좋아하고 문학책 읽기는 좋아하지만 별로 분석적이거나 논리적이지 못하다. 게다가 기계치였기에 좌뇌보다는 우뇌가 발달했나 보다 했는데 그럼 우뇌보다 못한 내 좌뇌는 불쌍해서 어쩌지? 혹시 우뇌가 출동해야 할 때, 또 그 반대의 경우에도 마찬가지로 좌뇌가 멋모르고 나서는 건 아닌지 모르겠다. 오, 주여! 저를 불쌍히 여기소서!

만일 물질의 세계가 내 머리 같다면 분명히 그 운영체계의 균형은 여지없이 무너지고 엉망이 될 것이다. 그러나 이제까지 나는 이런 체계를 가지고도 무난하게 살아왔다고 생각한다. 어떻게? 그건 내가 물질이 아니라 인간이기 때문이다. 다시 말해 부족한 나를 보듬어 줄 수 있는 능력을 가진 다른 사람들이 있었기에 가능했다. 나의 좌뇌 우뇌 외에도 내가 잘못 갈 때 나를 이끌어주는 주위의 지혜롭고 따스한 사람들뿐 아니라 질책하는 사람들까지의 뇌가 합쳐져서 제 길을 찾아갔다고 생각한다.

넓게는 인간의 세계도 마찬가지일 것이다. 완전한 인간은 없다. 굳은 산이 굳은 염기 만나듯 그렇게 좌뇌 우뇌를 자유자재로 경우에 따라 작동시킬 수 있는 사람이 과연 얼마나 되겠는가. 그렇지 못함에도 불구하고 세상이 이만큼 돌아가는 건 때로는 싸우면서도 서로 화해하고 도와가며 함께 최종 목적지를 향해 갈 줄 알기 때문이다. 그러기에 인간을 만물의 영장이라고 하지 않는가. 물질은 틀에 맞는 정확한 운영체계로 움직여야 하겠지만 인간은 실수해도 또 다른 기회를 가질 수 있는 세상에 살고 있기에, 이 지구상에서 내가 물질이 아닌 인간으로 태어난 것이 얼마나 다행인지 모르겠다. 그러나 그 물질의 균형을 좋은 방향으로 유지시키는 일은 만물의 위에 있는 인간으로서 반드시 그리고 당연히 해야 할 의무일 것이다.

Amphoteric substance

_ 염기를 만나면 산으로,
　산을 만나면 염기로 작용하는 물질

과학은 천국의 문을 열 수 있는 열쇠이면서 동시에 지옥의 문을 여는 열쇠이기도 하다.
—리처드 파인만

양쪽성물질

사람의 이중인격은
물질과는 달리
좋은 결과를
맺지 못한다

앞에서 물질을 산과 염기로 분류하는 여러 가지 방법을 살펴보았다. 그런데 대부분의 물질이 산성이나 염기성을 띠지 않는 중성인데 반하여, 어떤 것은 산성과 염기성 모두로 작용하는 경우가 있다. 이들을 양쪽성Amphoteric 물질이라 하며,[93] 이렇게 될 수 있는 이유는 산이나 염기가 절대적이라기보다는 어떤 물질과 만나는가, 또는 어떤 용매에 녹아 있는가에 따라 달라지는 상대적인 개념이기 때문이다. 가장 쉬운 예로 물은 아주 작은 양이지만 이온화하여 수화된 수소 이온 H_3O^+과 수산화 이온OH^-을 모두 생성하므로 양쪽성 물질이라 할 수 있다.

대표적인 양쪽성 물질로는 아미노산, 단백질 등이 있고, 주기율표에서 알루미늄Al, 주석Sn, 납Pb, 비소As, 안티몬Sb 등과 같이 금속과 비금속을 구분하는 중간에 속하는 몇 가지 금속 또는 준금속의 산화물이거나, 전이금속원소의 중간 정도인 산화수의 산화물이 그들이다. 비소 같은 것은 주기율표상으로는 비금속인 질소족에 포함되어 있어서 비금속이라고 불리기는 하지만 금속성을 아주 많이 가지고 있는 원소다. 양쪽성 수산화물은 양쪽성 산화물이 수화한 물질로, 산에 대해서는 염기로, 염기에 대해서는 산으로 작용하는 수산화물이다. 아미노산은 한 분자 내에 산-COOH과 염기-NH$_2$로 작용하는 **원자단**原子團, group이 있어 산과 염기로 작용할 수 있다. 그리고 생명체에서 중요한 역할을 하는 단백질은 수십 개의 아미노산이 **펩타이드 결합**peptide bond[94]이라 부르는 결합에 의해 연결된 고분자다. 이와 같이 두 아미노산이 반응하면 펩타이드 결합이 생성되고 이 과정이 반복되면 거대분자인 단백질이 폴리펩타이드polypeptide[95]로 형성된다. 따라서 단백질도 양쪽성을 가지는 물질이다.

실생활에서 만나는 양쪽성 물질 중에 양쪽성 계면활성제가 있다. 계면활성제란 한 분자 내에 물을 좋아하는 **친수성기**hydrophilic group와 기름을 좋아하는 **친유성기**lipophilic group를 함께 갖는 물질을 말하는데, 물과 기름의 경계면, 즉 계면의 성질을 변화시킬 수 있는 특성을 가지고 있다. 계면활성제로는 비누를 꼽을 수 있고, 크림이나 로션, 파운데이션이나 마스카라 등에서 고체 입자를 물에 균일하게 분산시켜주는 물질, 오염물질을 제거해주는 물질 등이 있다.

원자단 화합물의 분자 내에서 공유결합을 통해 결합하고 있는 원자의 집단을 가리키는 용어다. 라디칼이나 기(基)보다 좀 더 넓은 의미로 사용된다.
펩타이드 결합 카복실기와 아미노기가 반응하여 형성되는 화학 결합으로, 반응 중 물 분자가 생성되는 탈수 반응을 한다.
친수성기 물과의 친화성이 강한 극성이 있는 원자단을 말한다. 친수성기를 가진 화합물은 물뿐만 아니라 다른 극성 용매에도 잘 녹는다.
친유성기(=소수성기) 물과의 친화성이 적고 기름과의 친화성이 큰 무극성 원자단이다.

계면활성제는 물에 녹았을 때 이온화하는 것에 따라 이온성과 비이온성으로 분류하는데, 양이온성, 음이온성, 양쪽성이 모두 이온성 계면활성제에 속한다. 양쪽성 계면활성제는 양(+)전하와 음(-)전하를 모두 갖는다. 이러한 계면활성제는 산성인 용액에서는 양전하를 띠고, 알칼리 용액에서는 음전하를 띠며, 중성용액에서는 **쌍극성 이온** Zwitterion으로 알려진 두 가지 이온성을 모두 갖는 형태로 존재하게 된다. 양쪽성 계면활성제는 수용액과 잘 섞이며, 산 또는 알칼리 용액에서 안정성이 뛰어난 성질을 가지고 있기 때문에, 세정력과 거품성은 약하지만 피부에 안전성이 뛰어나 주로 저 자극 샴푸나 베이비샴푸 등에 많이 사용된다.[96]

양쪽성이란 말은 산, 염기의 분류에서도 사용하지만, 어떤 염기 중에는 그 구성 원자 중에 한 가지만이 아닌 다른 원자로도 전자쌍을 내주어 전이금속과 배위결합할 수 있는 것이 있는데 이런 리간드를 양쪽자리성 ambidentate 리간드라 한다.[97] 티오시안산 이온 SCN^-, 니트로 이온 NO_2^-, 티오황산 이온 $S_2O_3^{2-}$ 등이 이에 속한다. 즉 이들은 무른 산과 반응하면 무른 쪽의 원자가, 굳은 산과 반응하면 굳은 쪽의 원자가 결합하여 생성물이 얻어진다. 이 양쪽 자리성 리간드는 한 번에 한 개의 원자만이 배위결합을 하여 한 자리만 차지하기 때문에 한꺼번에 두 자리를 차지하는 두 자리 리간드와는 구분된다.

예를 들면, 전이금속 이온 중에서도 전이금속원소의 첫 번째 주기에

쌍극성 이온 이는 같은 분자 내에 산성기와 염기성기를 가진 화합물로 중성 pH에서 대부분의 쌍극이온들은 음성으로 하전된 anion과 양성으로 하전된 cation이다. 쌍극이온은 보통 물에 높은 용해도를 가진다. 이는 전기를 띤 기(group) 때문이고 대부분의 유기용매에서는 잘 녹지 않는다.

있는 코발트$_{Co^{3+}}$, 크로뮴$_{Cr^{3+}}$ 이온처럼 작은 크기의 굳은 산은 양쪽성 리간드인 SCN$^-$ 이온과 만나면 굳은 원자인 질소$_N$ 쪽으로 결합하려는 경향이 있고, 아래 주기에 속하여 크기가 큰 로듐$_{Rh^{3+}}$, 카드뮴$_{Cd^{2+}}$, 수은$_{Hg^{2+}}$, 백금$_{Pt^{2+}}$ 이온 등과 같이 무른 산들은 무른 원자인 황$_S$ 쪽으로 결합하려 한다. 즉 착이온 [Co(NH$_3$)$_6$]$^{3+}$의 경우에는 중심 원자가 굳은 Co^{3+} 이온이므로, SCN$^-$과 반응하면 N쪽으로 결합하여, [Co(NH$_3$)$_5$(NCS)]$^{2+}$가 생성되고, [Rh(NH$_3$)$_6$]$^{3+}$의 경우에는 무른 중심원자인 Rh^{3+} 이온에 무른 원자인 S가 결합하여 [Rh(NH$_3$)$_5$(SCN)]$^{2+}$가 생성된다.

이렇게 양쪽성 물질이란 한 가지의 물질인데도 염기를 만나면 산으로, 산을 만나면 염기로 작용하면서 변신을 할 수 있는가 하면, 또 양쪽자리성 리간드는 한 가지 물질이면서 양면의 얼굴을 하고 있어 굳은 산이 오면 굳은 원자가, 무른 산이 오면 무른 원자가 마중 나가 맞는 것이라 할 수 있다. 물질들이 자연법칙에 맞게 움직이는 것 같으면서도 살짝 융통성까지 보여주고 있는 것이 신기하지 않은가. 이들은 그때그때 상황에 맞게 좋은 결과를 내는 방향으로 잘 대처하고 있다.

그러나 사람의 두 얼굴은 그다지 좋게 생각되지는 않는다. 왜냐하면 사람들이 두 얼굴을 가질 때는 좋은 결과를 맺게 하기보다는 이기적인 생각을 품고 있을 때가 대부분이기 때문이다.

두 얼굴이라고 하면 제일 먼저 '야누스의 얼굴'이 떠오른다. 지금은 '겉 다르고 속 다른 인물'을 가리키는 표현이 되었지만 사실 야누스는

로마의 신들 가운데서 가장 오래되고 또 가장 위엄을 갖춘 신으로서, 속이기 위해서가 아니라 집을 보호하기 위해서, 특히 건물의 출입문을 지키기 위해서 두 얼굴을 가지고 있었다. 하나의 얼굴은 들어오는 사람을 검문하고, 다른 얼굴은 집을 떠나가는 사람에게 작별인사를 하기 위해서 필요했다. 이렇게 야누스는 모든 출입문, 나아가서는 로마의 모든 성문과 항구의 안전을 담당하는 신이 되었다. 그후에는 인생의 첫 번째 관문인 출산뿐 아니라 새해의 시작을 포함해서 모든 시작을 주관하게 되었다. 이렇게 해서 로마인들이 첫 번째 달에 '야누아리우스Januarius'라는 이름을 붙여주게 되었다. 이런 좋은 의미의 이름이 왜 부정적인 이미지로 변하게 되었을까?

앤서니 애슐리 쿠퍼가 자신의 저서 『인간, 의견, 시간의 특성』(1711)에서 야누스의 이름을 '한쪽 얼굴로는 미소를 짓고 다른 쪽 얼굴로는 노여움과 분노를 보이는 신'으로 묘사하여 부정적인 의미로 처음 사용한 뒤부터 '위선자' 혹은 '이중적인 이미지'의 신으로 전락해버렸다.[98]

이중인격에 대한 유명한 이야기로는 단연 R. L. 스티븐슨의 〈지킬 박사와 하이드 씨〉가 꼽힌다.[99] 얼마 전에 이 뮤지컬 공연을 매우 감명 깊게 보았는데 줄거리를 간단히 살펴보면 이렇다. 학식과 인격이 높은 지킬 박사는 인간이 잠재적으로 가지고 있는 모순된 이중성을 약품으로 분리할 수 있을 것이라고 생각한다. 원래의 목적은 선과 악의 단순한 분리에 있는 것이 아니라 선만을 분리해내어 인간을 구원하고, 또 악한 마음은 어디서 오는지 그리고 어떻게 되어가는지를 알아보겠다는 것이었다. 마침내 그 약품을 만들어냈지만 인간을 상대로 실험하는 것이 허락되지 않았기에 비밀리에 자신이 복용하기 시작한다. 그 결과, 낮에는 선한 성질을 가진 지킬 박사로, 밤에는 악한 성질을 지닌 추악하기 짝이 없는 하이드로 변신하는 데 성공한다. 그러나 처음 목적과는 달리 점차 악이 선을 지배하면서, 약을 먹지 않아도 저절로 하이드로 변신하여 점차 지킬 박사로 되돌아갈 수 없게 된다. 드디어 하이드는 살인을 하고 경찰에 쫓겨 체포되려는 순간 스스로 자살하는 것으로 이 비극적인 이야기는 마무리된다.

다중인격은 실제로 한 사람 안에 여러 개의 인격이 있는 것이 아니라 한 사람의 내부에서 오랫동안 형성된 정신 상태의 일부분들이 일시적으로 그 사람의 전체를 조종하는 것이라 한다.

그럼 그 일부의 정신 상태가 언제 그 사람을 조종하는가. 일본의 유명 작가, 나카타니 아키히로는 그의 저서 『40대에 하지 않으면 안 될 50가지』에서 "사람의 인생에는 죄질이 무거운 중대한 사건을 일으키는 2대 나이가 있다.[100] 17세와 48세다. 사춘기思春期와 사추기思秋期로 불리는 그 시기는 마음속에서 정체를 알 수 없는 불안이 꿈틀거리기 때문에 심하게 흔들리고 폭발하는 시기다. 그리고 그때는 자신의 가치관을 돌아보며 자신을 향해 '이래도 괜찮을까? 이것이 내가 원하던 인생이었던가?' 라는 물음을 던지며 반성하는 시기이기도 하다."고 했다.

어느 심리학자는 사춘기를 '회오리바람'이라면 사추기는 모든 것을 단번에 날려버리는 '태풍'이라고 비유했다. 사추기가 훨씬 더 위험한 시기라는 말이다. 이처럼 비정상의 정신 상태는 불안하고 약해진 순간을 틈타 사람을 여지없이 쥐고 흔들어댄다. 어떤 이는 이 소용돌이에 빠져들어 뿌리째 흔들려 뽑혀나가는가 하면 어떤 이는 이제까지 살아온 자신의 삶을 돌아보고 반성의 시간을 가지면서 자기의 자리를 더욱 굳건히 지킨다.

　전자는 한없이 자기 연민에 빠져 이제까지 살아온 세월에 대하여 감사하기보다는 누군가를 원망하고 분노하며 허탈해 한다. 그 과정에서 자신 안에 오랫동안 형성되어왔던, 충분히 위로받지 못했다고 생각하는 상처받은 자아가 슬그머니 고개를 쳐든다. 처음에는 소위 겉보기에 그럴듯해 보이는 일에 빠져 가정을 등한시하기도 하고, 그렇게 밖으로 나돌다가 우연한 기회에 바람을 피우기도 한다. 그런가 하면 술로 도피함으로써 일시적인 위로를 찾으려 했다가 알코올 중독에 빠져 허우적거리며 자신이나 가정을 영원한 파탄으로 이르게 하는 경우도 있다.

　사추기가 더 무섭다는 것은 한 사람이 아니라 가정 전체를 쥐고 흔들기 때문일 것이다. 그런데 대개 이런 부류의 사람들은 자존감 내지는 자신감이 부족하여 남을 지나치게 의식하므로 바깥세계에는 더욱 훌륭한 인격자로 연기를 해야 한다. 하지만 가장 가까운 사람들, 즉 배우자, 부모형제, 자식들을 계속해서 속일 수 없고, 또한 상처란 가장 가까운 사람에게 가장 많이 받는 것도 사실이기에 폭발은 그들을 향해서 진행되며 그 결과로 이중성의 지배하에 놓이게 된다. 자신의 속이야기를 누구에게도 털어놓지 못하고 자신만의 성을 쌓고 사는 사람의 경우에 이런 현상이 더 심하다. 그러나 사실 어느 특정한 사람만이 이중인격을 가지는 것은 아니다. 우리 모두는 완전하지 못한 인간이기에 이중성을 잠재적으로 가지고 있다.

　이러한 이중성의 가면 뒤에 가려진 한 인간의 추악한 얼굴이 어떻게 거룩한 얼굴로 변화하는지를 맥스 비어봄은 『행복한 위선자』라는 책을 통하여 감동적으로 이야기하고 있다.[101] 얼굴은 악마같이 생기고 성격이 포악하여 사악한 행동을 즐기는 조지 헬George Hell이라는 사나이가 있었다. 그는 미모와 재능을 겸비한 가극 배우인 제니 미어Jenny Mere에게 첫눈에 반해 청혼을 했지만 성자의 얼굴을 한 사람과 결혼하려고 마음먹은 그녀는 그의 청혼을 거절한다. 절망감에 죽으려고까지 했으나 일생에 처음으로 진정한 사랑에 빠진 이 사나이는 이제까지 살아왔던 자신을 돌아보게 되었다. 그러고는 성스러운 모습의 가면을 사서 쓰고 다시 청혼을 해서 드디어 그 아가씨와 결혼하게 되었다. 그녀와의 행복한 삶의 이면에는 악랄했던 지난날의 모든 오명들이 칼이 되어 그의 영혼을 찌르는 고통이 되었다. 그렇게 그의 참회는 계속되었다.

어느 날, 조지와 사귀다가 제니로 인해 버림받은 여인 갬보기가 질투심에 가득 차 그들을 찾아와서는 아내에게 남편의 과거와 가면을 폭로하였다. 그의 가면은 벗겨졌다. 그러나 거기에는 험상궂은 얼굴이 아닌, 인자한 모습으로 변한 얼굴만 있을 뿐이었다. 제니에 대한 사랑 때문에 자신에 대해 깊이 성찰하게 되었고, 참회와 자선행위를 통하여, 결혼하기 위해 스스로 개명했던 이름인 조지 헤븐George Heaven과 같은 얼굴이 된 것이다.

사람들은 자기가 끔찍이 사랑하거나 집착하고 있는 것을 잃어버렸거나 그럴 위기에 있을 때, 그래서 바닥을 쳤을 때 어떤 사람은 좌절하여 목숨을 끊어버리기도 하고, 어떤 사람은 정반대로 왜 그렇게 되었는지 자신을 돌아본다. 그 두 가지 중 무엇을 선택하느냐의 차이는 실로 엄청나다. 실패를 받아들이고 그 자리에서 어떻게 하는 것이 최선일까를 생각하는 시간을 가지는 사람은 결국 다시 일어나게 된다. 죽음이 최상의 선택이라고 생각되는 순간에도, 과연 자신에게 가장 중요한 것이 무엇인가를 시간을 두고 다시 바라보면 답을 얻을 수 있게 된다. 그리하여 이를 극복하고 살아가는 일처럼 보람 있는 일이 없다는 것을 깨닫게 된다.

자신이 얼마나 소중한 존재인지, 그리고 그다지도 크다고 느끼는 불행보다는 거저 받은 행복이 훨씬 더 많음을 깨달아, 다시금 살아냈을 때의 성취감은 어느 것으로도 살 수 없다. 그 성취감으로 자신감을 얻어 다시 더 큰 꽃을 피우며 살아갈 수 있으리라는 것은 두말할 나위가 없다. 조지는 죽음 대신, 죽음만큼이나 어려운 참회를 하는 아름다운 선택을 했기에 천국에 사는 사람의 얼굴이 되었다. 결국 자신의 얼굴은 자신이 만들어가는 것이고 마음먹기에 따라 바뀔 수 있다는 것을 말하고 있다.

조지는 가면을 벗게 한 갬보기를 원망하는 대신 오히려 이렇게 감사하고 있다. "신이 당신을 통해 나에게 참회의 선물을 하는구려. 용서하세요. 이렇게 죄 값을 받는구려. 지금까지 씻을 수 없는 죄를 지어왔는데, 천국을 경험하게 해주신 신께 감사를 드릴 뿐이오."

사랑은 정녕 미움과 악함을 다 덮어버릴 만큼 사람을 성스럽고 아름답게 만들고, 주변 사람들까지 행복하게 하는 힘이 있다. 이렇게 자연과 인간은 양쪽성을 승화시키는 노력을 기울이기에 세상은 오늘도 이만큼이나마 돌아가고 있나 보다. 그러나 사람을 사랑하는 일이 얼마나 어려우며, 특히 자신을 미워하는 사람까지 사랑하는 일은 얼마나 더 어려운지. 『행복한 위선자』의 주인공처럼 친절과 온유의 가면이라도 먼저 쓰고 그에 맞춰서 행동하는 것부터 차근차근 시작해봐야겠다.

Hemoglobin

_ 피의 색을 붉게 만드는 색소 단백질

> 조그마한 어린이처럼 진실 앞에 바로 앉아라. 그리고 기존의 관념을 모두 던져버리고 자연이 이끄는 곳 어디에든 따라가지 않는다면 아무 것도 배울 수 없다.
>
> —토머스 H. 헉슬리

헤모글로빈의 산소 운반

어찌 그렇게
모두 다 내 것인 양
움켜쥐려고만 하는가

이보게, 친구!

들여마신 숨 내뱉지 못하면
그게 바로 죽는 것이지.

살아 있는 게 무언가?
숨 한번 들여마시고 마신 숨 다시 뱉어내고.
가졌다 버렸다
버렸다 가졌다.
그게 바로 살아 있다는 증표 아니던가?
그러다 어느 한 瞬間 들여마신 숨 내뱉지 못하면
그게 바로 죽는 것이지.

어느 누가,

그 값을 내라고도 하지 않는 空氣(공기) 한 모금도

가졌던 것 버릴 줄 모르면

그게 곧 저승 가는 것인 줄 뻔히 알면서

어찌 그렇게 이것도 내 것 저것도 내 것,

모두 다 내 것인 양 움켜쥐려고만 하시는가?

서산대사의 시비詩碑에 쓰인 앞부분이다.

이 심오한 시 앞에서도, 숨 한번 들여마시고 다시 내뱉는 동안 어떤 화학반응이 일어나는가를 생각하게 된다. 그걸 보면 이러니저러니 해도 난 역시 '화학쟁이'인가 보다.

생물은 호흡을 통해 체내의 유기물을 분해함으로써 살아가는 데 필요한 에너지를 얻는다. 사람이 숨을 들이쉴 때 폐로 들어간 공기는 기관지라는 통로를 지나 더욱 가느다란 통로 끝에 달린 약 3억 개에 이르는 **폐포** 속으로 흘러들어가며 다시 몸속의 조직에 있는 모세혈관으로 들어가게 된다. 이때 폐포 속의 산소 분압分壓이 모세혈관 속의 산소 분압보다 높으면 모세혈관 쪽으로 확산되고 반대로 낮으면 폐포로 확산된다.

체내에는 산소 이외에 탄산가스 등 다른 기체들도 존재하기 때문에

폐포 보통 허파꽈리라고 부르며 기도(airway)의 맨 끝부분에 있는 포도송이 모양의 작은 공기주머니를 말한다.

압력 대신에 분압이란 용어를 사용하였다. 참고로 분압이란 여러 가지 기체가 혼합되어 있을 때 각 기체의 압력을 말하며 기체는 압력이 높은 쪽에서 낮은 쪽으로 확산한다. 한편, 숨을 내쉴 때는 혈액 속에 이산화탄소의 분압이 높아져 있으므로 이산화탄소가 혈액에서 폐포로 밀려나게 되며, 온 곳과 같은 길을 따라서 나간다. 즉 폐포는 이산화탄소가 혈액에서 빠져나오고 산소가 혈액으로 들어가는 가스 교환이 이루어지는 곳이다. 한편 산소를 받은 혈액은 각 기관에 산소를 운반해준다.[102]

어떻게 그러한 일이 일어나는가.

혈액이 가지고 있는 산소를 각 기관에 운반해준다는 의미는 혈액 속에서 운반의 주체가 되는 철鐵에 결합된 산소가 해리되어 조직으로 떨어져나간다는 뜻이다. 즉 산소와의 결합과 해리가 **가역**적可逆的으로 일어나기 때문에 운반이 가능한 것이다. 포유동물이나 사람 몸에서의 운반의 주체는 좀 더 구체적으로 말하면, **헴**heme 착물錯物인 헤모글로빈hemoglobin이다.

헤모글로빈은 피의 색을 붉게 만드는 색소 단백질이며, 그 분자식은 $C_{3032}H_{4816}O_{872}N_{780}S_8Fe_4$의 거대분자로서 철 원자를 네 개 포함하기 때문에 철이 부족하면 헤모글로빈을 잘 만들 수 없게 되어 빈혈이 일어나게 된다.[103]

철 원자 한 개에 대해 한 분자씩의 산소가 결합하므로, 헤모글로빈

가역 물질의 상태가 한 번 바뀐 다음 다시 본래 상태로 돌아갈 수 있는 것.
헴 헤모글로빈의 색소 부분으로, 좁은 뜻으로는 페로프로토포르피린 또는 프로토헴을 가리키며 넓은 뜻으로는 철과 포르피린류의 착염(錯鹽)을 총칭한다.

한 분자에는 산소 4분자가 결합하여 생체 내에서 산소를 운반하는 일을 한다. 산소가 풍부한 폐나 아가미에서는 헤모글로빈의 철은 산소와 결합한 채로 있고, 산소가 희박한 조직에 이르면 산소를 떼어내어 조직에 공급해준다. 산소의 방출은 **산성도**$_{pH}$가 커질수록 촉진되므로, 이산화탄소가 많아 산소를 많이 필요로 하는 말초조직에서는 산소를 보다 쉽게 떼어낼 수 있다. 참고로, 이산화탄소가 많으면 몸속에 있는 물에 녹아 탄산이 되기 때문에 산성도가 커지고, pH는 산성도를 나타내는 표시로 이 값이 작을수록 산성도가 크다. 이산화탄소가 혈장 속에 녹아 폐로 운반되어 호흡을 통해 몸 밖으로 방출되면 산성도는 다시 원상태로 돌아가고 헤모글로빈은 다시 산소와 결합한다. 이렇게 산성도에 따라 헤모글로빈의 철과 산소가 결합과 해리를 반복하게 되는 현상을 보어 효과$_{Bohr\ effect}$라고 한다.[104]

이를 간단하게 도표로 나타내면 다음과 같다.

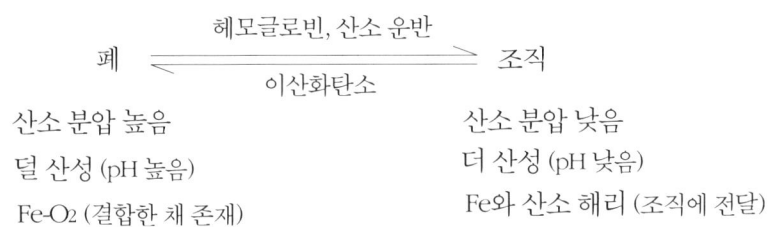

이와 같이 헤모글로빈 속의 철과 결합하고 있는 산소는, 산소가 부

| 산성도 용액의 산성의 정도 및 산의 세기의 정도로 수소이온지수(pH)와 산도로 구분한다.

족한 곳에서는 그 결합이 해리되어 전달해주고, 산소가 많은 곳에서는 결합한 채로 존재하면서 가역적으로 진행된다.[105]

헤모글로빈이라는 이름은 그림에서 보는 바와 같이 포르피린porphyrin이라 부르는 거대 고리의 질소N 네 개가 철Fe을 에워싸며 평면 사각형으로 배위하고 있는 헴heme과 그 철에 결합된 글로빈globin이라는 단백질 사슬을 조합하여 만들어졌다. 헴과 글로빈 사슬 하나를 미오글로빈myoglobin이라 하며 이 미오글로빈 4개가 연결되어 헤모글로빈 구조를 형성한다. 영국의 M. F. 퍼루츠Max Ferdinand Perutz와 J. C. 켄드루

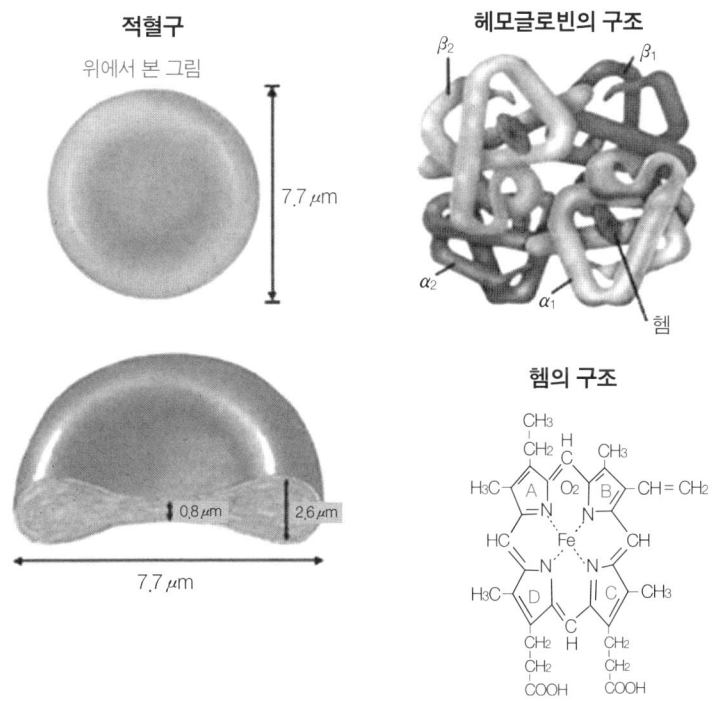

John Cowdery Kendrew가 X선 회절법으로 미오글로빈에 이어서 헤모글로빈의 구조를 밝혀내어 1962년 노벨 화학상을 수상하였다.[106]

그런데 산소와 가역적 결합이 가능하도록 하는 것은 단백질의 구조가 구형球形이기 때문이며, 결합과 해리를 반복함으로써 생체 내에서 기관으로 산소를 운반할 수 있다. 중앙아프리카 흑인의 유전병으로 알려진 낫 모양 세포 적혈구 빈혈증sickle-cell anemia은 한 단백질 사슬 중의 아미노산이 정상적으로 배열되지 않아 일어나는 빈혈증이다. 그렇게 되면 사슬이 접혀 구형이 유지되지 못하고 납작하게 변형하므로 산소 운반능력을 잃게 된다.[107]

한 분자의 헴은 한 분자의 산소와 결합하므로 네 개의 헴을 포함하는 헤모글로빈은 많게는 4분자의 산소와 동시에 결합할 수 있다. 일반적으로 혈액 1㎕에 400~500만 개의 적혈구가 있고 한 개의 적혈구에 300만 개 정도의 헤모글로빈이 있다. 골수의 적아세포에서 합성되고 간에서 분해되며 헤모글로빈의 양을 기준으로 빈혈을 진단한다. 적혈구가 죽으면 헤모글로빈 역시 파괴되는데 이때 포르피린 고리가 쓸개즙 색소로 배출된다. 헤모글로빈의 수명이 약 120일 정도인 것을 생각하면, 살기 위하여 우리의 몸은 인식하지 못하는 사이에 산소와의 결합을 위해 얼마나 전력투구하고 있는지 모른다.

이렇게 받아들인 산소는 우리 몸에 어떤 영향을 미치는가?

인체에서 가장 중요한 뇌는 약 145억 개의 뇌세포로 이루어져 있으며 휴식을 취하고 있을 때에도 많은 양의 산소를 필요로 한다.[108] 뇌로 산소를 유입하는 역할도 혈액이 맡아서 하는데, 하루 평균 약 2천 l의 혈액이 뇌로 유입되면서 산소를 공급한다. 이는 인체의 총 혈액양의

400배에 달하는 값으로 뇌에 산소를 공급하는 것이 얼마나 중대한 일인지를 말해주고 있다. 따라서 이 산소를 운반하는 혈액순환에 문제가 생기거나 그로 인해 산소 공급이 원활하지 않은 경우에는 뇌의 기능에 막대한 장애를 일으키게 된다. 산소 공급이 중지되면 바로 뇌의 활동이 정지되고, 30초 정도가 지나면 뇌세포가 파괴되기 시작하며, 2~3분이 지나면 이미 파괴된 뇌세포는 재생불능 상태가 된다. 그러므로 잘 먹고 적당한 운동이 필요한 것은 바로 우리 몸에 이토록 중요한 산소를 잘 받아들이기 위함이다. 이를 방해하는 가장 큰 문젯거리를 지목한다면 누구나 잘 알듯 과도한 음주와 흡연일 것이다.[109]

술은 어떻게 산소와 관계가 있는가?

술의 성분인 알코올은 체내로 흡수되면 10% 정도는 호흡, 소변, 땀 등으로 배설되고 90%는 간에서 산화반응을 하면서 대사된다. 혈액을 통해 간으로 이동한 알코올은 간에서 생성되는 탈수소화효소 Dehydrogenase 등에 의해 아세트알데히드로 산화된다. 생성된 아세트알데히드가 인체에 유해한 물질이라는 것은 화학을 전공하지 않은 사람들도 TV 등을 통해 많이 알고 있는 듯하다. 이 알데히드는 다시 효소에 의해 아세트산으로 대사되어 일부는 소변으로 배출된다. 남은 아세트산은 다시 혈액에서 이산화탄소와 물로 분해된다. 그러므로 한 분자의 알코올이 인체에 해가 되지 않을 수 있도록 이산화탄소와 물로 분해되기까지 세 단계를 거치는 동안 3분자의 산소가 필요하게 된다. 즉, 술을 많이 마실수록 산소가 더 많이 필요해지는 것이다.

그러므로 음주 후에 산소가 불충분하면 아세트알데히드는 분해되지 않은 채로 남아 있게 되어 두통이나 졸음을 유발한다. 실제로 사람에게 30분 동안 180cc의 위스키를 마시게 한 후 혈액 속의 산소량을 측정한 결과, 혈중 산소량이 낮아졌음을 확인하였다. 산소 부족은 두통뿐 아니라 뇌의 기능까지 저하시키고 더 심해지면 생명까지 위협하니 과음하지 않도록 더 많은 주의를 기울여야 한다.

흡연은 또 산소와 관련하여 어떤 문제를 일으키는가?

담배의 연기 중에는 니코틴이나 일산화탄소를 포함하여 수많은 유해물질이 포함되어 있다. 특히 담배 연기 속의 일산화탄소co는 그 농도가 자동차 배기가스 수준까지 달하여 환경기준을 상당히 초과하기에 그 영향이 매우 심각하다.

이번에는 일산화탄소가 왜 유해한지에 대하여 살펴보자.

헤모글로빈에서 철과 일산화탄소의 결합은 다른 금속과 리간드에서 보는 결합과는 다른 특성을 가지고 있다. 일반적인 경우에는 리간드의 고립전자쌍을 금속에 주어 단일결합인 배위결합을 만든다. 그러나 일산화탄소 리간드는 자신의 고립전자쌍을 주어 결합이 이루어지는 외에, 리간드로부터 전자쌍을 받아 전자 밀도가 커진 금속이 그 전자의 일부를 일산화탄소에게 도로 내어줌으로써 또 하나의 결합이 만들어져 결과적으로 금속과 탄소 사이에 단일결합보다 더 강한 결합이 형성된다.

이와 같이 헤모글로빈과 일산화탄소의 결합력은 산소보다 200배 이상 강해서 한 번 결합하면 여간해서는 끊어지지 않기 때문에 산소가 헤모글로빈과 결합하는 것을 방해한다. 운동량이 활발한 청년의 경우라도 애연가라면 일산화탄소를 흡수함으로써 산소 공급이 두세 배 줄어들게 된다. 헤모글로빈의 수명이 100일이 넘고 또 일산화탄소는 한

번 붙으면 절대로 떨어져나가지 않으니 담배를 피우지 않을 때에도 그들의 혈액 중에 일산화탄소와 결합된 헤모글로빈이 남아 있어 산소 부족의 악순환이 계속되는 건 당연한 일이다. 이렇게 일산화탄소는 한 번 결합하면 꼭 붙어서 좀처럼 떨어지지 않아 그 사람의 생명을 앗아가게 된다. 그 외에도 청산가리의 시안산$^{CN-}$ 이온도 그 결합력이 매우 강해서 독극물로 작용하게 되는 것이다.

　사람의 경우에도 누군가에게 너무 집착하면 그 사람을 불행하게 할 뿐 아니라 생명까지 잃게 할 수도 있다. 한편 산소는 어떤가? 산소와 금속 사이의 결합력 자체가 약해서가 아니라 산소가 많아지면 그 주변에서 산소를 원하는 정도가 적어지니 금속에 결합한 채로 있어주고, 부족해지면 결합해 있던 산소가 해리되어 필요한 곳으로 간다. 이처럼 자신이 원해서라기보다 주위 환경이 원하는 방향으로 금속에 붙었다 떨어졌다 하는 산소의 가역적인 성질 때문에 생물체의 생명을 유지할 수 있게 해준다. 이러한 산소의 역할은 우리에게 많은 것을 생각하게 한다.

　인간은 이렇게 헤모글로빈에 결합하는 산소처럼, 자신이 있어야 할 자리에서는 아무리 어렵더라도 확실히 그 자리를 지키고, 있지 않아야 할 자리에서는 훌훌 털고 떠나갈 수는 없을까. 소유해야 할 것과 버려야 할 것, 기억해야 할 것과 잊어야 할 것, 집념을 가지고 끝까지 해나가야 할 일과 포기할 일에 대하여 곧바로 우리의 머리와 마음이 그대로 움직여준다면 이 세상과 부딪힐 일이 하나도 없을 것이다. 하지만 그러기에는 나와 다른 사람들 사이에 있는 욕심이나 집착의 충돌 때문에 세상은 조용할 날이 없다.

재물, 권력, 지위에 대한 집착에서 시작하여 사람까지 내 손으로 조종하려 든다. 사람은 어느 것 하나에서라도 자유롭기 힘들다. 자기 자신도 마음에 들었다 말았다 하며 제 마음 하나도 다스리지 못하는데, 하물며 남의 마음까지 어쩌겠다고…. 그렇게 해봤자 상대를 병들게 하고 또 나도 병든다.

같은 내용이지만 보는 방향이 다른 또 하나의 집착은 내가 누구에게나 좋은 사람으로 보이는 데 매달리는 일이다. 우리가 만나는 사람 중의 3분의 1은 아무 이유 없이 나를 좋아하고, 또 다른 3분의 1은 무관심하고, 나머지 3분의 1은 이유 없이 미워한다고 한다. 그 마지막 사람이 나를 헐뜯는 것에 상처받을 필요가 있을까. 그 사람은 어차피 나를 모르는 사람이 아닌가. 내가 꼭 좋은 사람이어야 한다는 강박관념만 벗어던져도 한결 자유로워질 것이다. 집착은 괴로움이다.

내가 친하게 지내는 두 자녀를 둔 어느 직장인 엄마의 이야기다. 그녀는 젊은 시절 유난히도 자식교육에 집착하였다. 시집왔을 때부터 월세 방에서 가난한 시부모를 모셔야 했는데, 그녀의 남편은 그분들과 사이가 좋지 않아 시부모와 대화의 창구는 그녀가 될 수밖에 없었다. 시부모는 아들에 대한 허전함을 그녀에게서 채우려 하였고 특히 시어머니의 집착이 더 대단하였으니 아들의 위치를 대신하는 것은 그녀에게는 너무도 역부족이었다. 게다가 시부모는 형편이 어려운 딸의 생활비까지 몰래 보태느라 그녀에게 생활비가 부족하다며 불평했던 것도 고통의 크기를 키우는 요인이었다. 사실 그녀는 매달 따로 시누이에게 도움을 주고 있었는데도 말이다.

또한 부모와 멀어진 그 남편은 일에만 파묻혀 지내며 오로지 자신의 출세에 집착했고, 그가 가정에 소홀해도 출세에 방해될까봐 그녀는 불평도 못했다. 가장이 잘되는 것은 누구를 위한 것인가. 그리고 나중에 잘되더라도 갚아줄지는 보장할 수 없는 일이다. 미래보다 중요한 것은 오늘이고 현재다. 일보다 중요한 것은 가족의 행복이다. 현재가 없는 나날을 어디에서도 위로받지 못하며 지내던 그녀는 너무나 외로웠다. 게다가 시어머니의 불평으로 인해 쏟아지는 시가 친척들의 비난, 가정 경제 등 모든 것을 혼자 짊어지고 가는 고통은 말로 표현하기 힘들 정도였다.

더구나 그 동네 사람들마저도 집에 있는 시어머니의 말만 듣고는 그녀에게 비난의 화살을 보내곤 했다. 그러니 그 돌파구는 자연스레 자식, 아니 자식교육으로 옮겨졌던 것이다. 게다가 남에게 엄마가 직장에 다녀 교육에 소홀했다는 소리를 들을까봐 전전긍긍했다. 그녀가 자식교육에 얼마나 집착했는가 하면, 아이들이 어떤 과목에서 조금이라도 부족함이 보이기만 하면, 그녀의 일만으로도 충분히 바빴음에도 스스로 그 공부를 해서 가르치곤 했다. 당시에 과외가 금지되기도 했지만, 아이들이 공부 못하는 것을 참아낼 수 없었기 때문이다. 그리고 아이들을 감시하느라 그녀는 하루도 집을 떠날 수 없어 여행은 꿈도 꾸지 못했다. 그녀는 그때 아이들이 얼마나 숨막히고 상처받을까 염려하기는커녕 자신을 무척 훌륭하고 희생적인 엄마라고까지 생각했다. 그녀를 돌아보지 않는 남편이 언젠가 두손 잡아주며 고맙다고 해줄 날을 기다리면서.

그때는 아이들이 독립된 한 인간이기보다는 그녀의 소유물이었다. 아이들의 마음에 병이 든 건 물론이려니와 그녀 마음의 병도 깊어졌다. 그리고 자신의 눈높이에만 맞출 것을 주장하였기에 그를 따르지 않는 아이들에게 감정적으로 대했음은 물론이다. 그런 까닭에 그들이 성장하면서 그녀는 아이들로부터 훨씬 더 큰 고통을 받아야 했다. 집착이 낳은 결과다.

그러나 그 고통으로 인해 그녀는 정신과 상담도 받고, 종교에 귀의하면서 마음의 평화를 찾게 되었고 집착에서 벗어날 수 있었다. 또한 자신이 벗어났던 그대로 자녀들을 대하자 오랜 세월이 걸렸지만 그들과 관계가 회복되었다. 무엇보다도 집착에 가려 보이지 않았던 진정한 사랑이 드러나기 시작하였기에 가능했으리라. 고생 끝에 낙이 온다고 자식들과 그들의 배우자가 특히 큰 위로가 되어주었다. 아마도 그 고통을 통하여 깨달음을 얻게 되고 또 포기할 줄도 알게 되었기에 그런 날이 온 것이 아니었을까.

그런데 자식에게 지나치게 집착했다고 어느 누가 그녀를 비난할 수 있을까? 이런 집착은 약간의 차이는 있을지언정 대부분의 가정에서 흔히 볼 수 있는 일일 것이다. 많이 나아졌다고는 하지만 아직도 여성에게 너무 큰 짐을 지우는 세태야말로 무엇보다 먼저 해결되어야 할 문제다. 그래도 그녀가 돌파구를 찾을 때 아이들에 대한 집착보다는 자신의 시간을 좀 더 가지는 쪽으로 돌렸더라면 훨씬 더 편한 세상을 살았으리라는 것은 두말할 나위가 없다.

집착과 놓음이 운동경기의 승패에 얼마나 중요한 역할을 하는지 이

번 올림픽 피겨 경기에서도 확인했다. 이번 올림픽 경기뿐 아니라 모든 세계 선수권대회를 석권하여 그랜드 슬램을 이루어낸 김연아 선수를 '강심장'이라 한다. 쇼트 경기에서 그녀의 라이벌인 아사다 마오 선수가 그녀의 바로 앞 순서에서 성공적인 연기를 끝내고 최상의 점수를 받고 난 후임에도 침착하게 경기에 임해 마오 선수보다 더 좋은 점수를 받아낸 것을 가지고 그렇게 말하는 것이다.

사실 강심장이란 성격이 강하기보다는 내려놓을 줄 알 때 얻어지는 담담한 상태가 아닐까. 무슨 일이라도 흔들릴 때 일을 하면 실수가 많기 마련이고 마음을 비우면 기대 이상의 결과를 얻을 수 있기 때문이다. 참으로 정신력이 성패에 얼마큼 중요한지 확연히 볼 수 있었다. 마음을 비운 만큼 은반 위에서 높이 뛰어 회전하는 모습이 얼마나 새털처럼 가벼워 보이는지! 그간의 모든 어려움을 이겨낸 참으로 아름다운 인간 승리의 표본이었다.

이제 나도 인생의 4막에 접어들면서 일산화탄소처럼 집착하지 않고 붙잡을 때와 놓을 때를 아는 '산소 같은 여자'가 되었으면 좋겠다. 광고에 나오는 청정한 의미의 산소 같은 여자와는 그 뜻이 다르겠지만. 마신 숨 내뱉지 못하면 바로 저승행인데 나는 아직도 붙잡고 있는 것이 너무 많지나 않은지 점검해봐야겠다. 아, 그런데 그 산소 같은 여자도 영애였네!

π-back bonding

_ 전이금속 화합물에서 주로 일어나는, 배위결합과 반대되는 형태의 결합으로 금속 축의 고립 전자가 일산화탄소 같은 리간드의 비어 있는 궤도와 상호작용하여 이루어지는 결합

어떤 것이든 그것에 대해 잘 알지 않고서는 사랑하거나 미워할 수 없는 것이다.

—레오나르도 다빈치

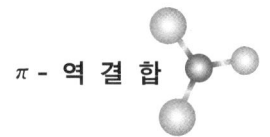

π - 역결합

겉모습 속에 숨겨진
고뇌와 노력을
보려고 애쓰자

루벤스의 작품 〈시몬과 페로〉라는 그림을 본 적이 있을 것이다. 이 그림은 로마의 철학자 막시무스의 책에 나오는 '페로의 헌신적인 사랑'이라는 이야기를 소재로, 여러 화가들이 이 이야기를 소재로 했다.

이 작품 속에는 늙은 노인이 젊은 처자의 젖을 빨고 있는 장면이 묘사돼 있다. 처음 그림을 본 사람들의 반응은 노인과 젊은 처녀가 음탕한 애정 행각을 벌이고 있는 것으로 느끼고 다들 루벤스가 왜 이렇게 음탕한 그림을 그렸을까 의아해하고 얼굴을 붉힌다. 그러나 이 그림 속 주인공들의 관계는 아버지와 딸의 관계다. 시몬은 죄를 지어 굶어 죽게 하는 형벌을 받고 감옥에 갇혀 있었고 그의 딸 페로는 아버지를 면회 갔다가 자신의 아버지가 아사지경으로 거의 죽음에 이른 것을 보고 아버지에게 자신의 젖을 물게 한 것이다. 그 사실을 알게 된 로마 당

〈시몬과 페로〉, 피터 폴 루벤스
1625, 네덜란드 암스테르담 릭스박물관

국은 그녀의 숭고한 사랑에 감동해 시몬을 석방했다고 한다.

이처럼 그림에 담긴 내용을 모르고 봤을 때는 사람들은 비난을 서슴지 않는다. 하지만 그 속에 담긴 진정한 내용을 알고 나면 그 비난과 불편함은 감동으로 바뀌게 된다.

이렇듯 잘못된 편견은 언제나 우리의 눈과 귀를 가리고 판단을 잃게 한다. 다시 말해, 편견과 아집을 버려야 세상을 바로볼 수 있는 것이다. 나 역시도 화학의 세계에서 이처럼 겉만 보고 판단할 수 없는 현상을 보고 놀라워한 적이 있다.[110] 전이금속원소의 일산화탄소(CO) 화합물이 그것이다. 일산화탄소라 하면 가장 먼저 '연탄가스 중독'이라든가 환경을 오염시키는 '자동차 매연가스의 성분'이라는 불길한 의미의 단어들이 떠오른다. 그러나 알고 보면 일산화탄소도 산업적으로 유용한 촉매를 합성하는 데 중요한 성분으로 사용된다.

그런데 일산화탄소가 배위하여 만드는 전이금속 화합물의 특징은 중심금속의 산화수가 매우 낮다는 점이다. 일반적으로 말하면, 산과 염기의 반응에서 산성도나 염기도가 높을수록 그들끼리 더 강한 결합을 할 수 있는데, 산화수가 클수록 산성도가 높고, 전자를 내어줄 수 있는 능력이 클수록 염기도가 커진다. 하지만 일산화탄소의 염기도는 매우 약하다. 게다가 그와 결합하는 금속의 산화수도 낮으니, 아니 때로는 [Co(CO)$_4$]$^-$나 [Fe(CO)$_4$]$^{2-}$ 같이 금속이 도리어 음이온 상태이므로 너무나 산성도가 낮을 것은 뻔하다. 산성도를 가질 것은 생각해볼 수도 없는 산과 아주 약한 염기의 결합인 셈이다. 그러니 겉으로 보기에 이들이 좋은 결합을 하기는커녕 존재한다는 것조차 도저히 이해가 가지 않는다. 그런데 존재할 뿐 아니라 그것도 매우 강력한 결합을 한다니 놀랄 일이 아닌가.

어떻게 이런 현상이 가능한 걸까?

일반적인 금속과 리간드 간의 결합은 리간드의 전자 한 쌍을 금속에 주어 이를 공유하는 **단일결합**single bond이다. 그러나 일산화탄소의 경우는 결합을 그냥 하는 것이 아니라 **이중결합**의 성격까지 띠고 있기에 일반적인 경우와 달라도 한참 다르다. 이것은 일산화탄소가 특별한 일을

단일결합 화학결합을 나타내는 방법 중 하나로 하나의 공유결합을 말한다. 구조식에서 원소기호 사이에 하나의 선으로 표시된다.
이중결합 분자내 원자간의 화학결합에서 2개의 원자가 서로 2개의 원자가에 의해서 결합해 있는 화학결합.

하기 때문이다. 일산화탄소와 결합을 이루는 전이금속원소의 산화수酸化數는 일반적으로 낮다. 여기서 산화수란 화합물 내에서 원자가 가진 전하의 양이다.[111] 원자는 원래 중성의 상태로 있지만, 음이온인 전자를 한 개 잃으면, +1의 상태가 되고, 전자 하나를 얻으면 –1의 상태가 된다. 그러므로 산화 상태가 낮으면 전자 밀도가 상대적으로 높음을 의미한다. 이와 같이 금속의 산화수가 낮기 때문에 전자 밀도가 이미 높은 상태여서 리간드로부터 전자를 받게 되면 금속의 전자 밀도는 넘치게 된다. 일산화탄소는 이 금속으로부터의 여분의 전자를 자신의 오비탈에서 받을 능력이 있는 것이다. 이때 또 하나의 결합이 생성되어 이중결합의 성격을 가짐으로써 단일결합보다 더 강한 결합이 이루어지게 되는 것이다.

대개의 금속과 리간드 사이의 배위결합은 리간드가 자신의 전자를 금속에게 내어줌으로써 형성된다. 그런데 이 경우에는 그러한 배위결합도 할 뿐 아니라 반대로 전자를 받은 금속이 리간드에게 전자를 되돌려주는데 그 오비탈의 성격을 따라서 **π-역결합** π-back bonding이라 부른다.[112] 금속으로부터 전자를 받을 수 있는 이러한 리간드를 π-받개 리간드 π-accepting ligand라 부른다. 이들의 π받개 능력은 반응 속도에 영향을 많이 끼치기 때문에 촉매로 사용되는 착화합물의 리간드로 많이 사용되곤 한다.

이제, 겉보기에는 존재하는 것조차 어려울 것 같았던 화합물이 π-역

π-역결합 전이금속 화합물에서 주로 일어나는, 배위결합과 반대되는 형태의 결합으로 금속 축의 고립 전자가 일산화탄소 같은 리간드의 비어 있는 궤도와 상호작용하여 이루어지는 결합.

결합이라는 작용을 통하여 다른 화합물보다 오히려 더 안정한 존재라는 사실이 드러났다. '죽음'이나 '오염'이라는 혐오스러운 말과 관련된 줄 알았던 일산화탄소도 산업적으로 유용한 촉매의 중요한 성분이 될 수 있다는 사실도 놀라운 일이다.

밖으로 드러난 사실만 보고 불가능하다고 판단했다가 뜻밖의 성공을 보고 깜짝 놀라는 경우가 우리 삶에도 얼마나 많은가. 편견을 버려야 할 일이 인간세계에만 있는 줄 알았는데, 물질의 세계에서도 이런 일을 벌이고 있다니, 안 된다고 체념했던 일도 좀 더 노력하면 되는 일이 아닌지 점검 또 점검해볼 일이다.

2년 전 어느 여름날, 제자 하나가 결혼한다는 소식을 전해왔다. 졸업한 지 10년이 훌쩍 넘었기에 정말 반가운 소식이었다. 대학시절 그녀는 강의가 끝나기 무섭게 질문하러 달려오곤 했던 열성적인 학생이었고, 자신의 일에 대해 상담을 청하는 일도 적극적이어서 당시 그녀를 아는 사람들은 모두 그녀가 무언가 해낼 거라는 믿음을 가지고 있었다. 졸업 후에는 자신이 가고자 간절히 원하던 대학교의 대학원에 입학하여 박사학위를 받은 후, 반도체 분야에서 세계적으로도 손꼽히는 대기업에 취직하여 새로운 세계에 당차게 적응해가고 있었다.

그런 그녀를 후배 학부생들을 위한 세미나에 초대하였다. 후배들은 당당하고 자신감에 찬 선배를 보며 많은 용기를 얻었다. 식사하면서 그 자리에 함께했던 교수님들이 이젠 결혼만 하면 다 이루어지는 거라고 덕담을 해주며 함께 웃었다. 사실 그때만 해도 그렇게 말은 했지만 내심으로는 나이도 그렇고 결혼 상대가 빨리 나타날까 하는 의구심을 가졌었다. 그런 그녀가 결혼을 한다니 무척 반가우면서도 뜻밖이라고 생각했다. 그녀는 내가 상식이라고 생각했던 것이 상식이 아니라고 말하는 듯했다.

그래서 이번에는 일상 묻는 대로 "신랑 나이가 몇 살이냐?" 하니 여섯 살 차이라 했다. 그때 내 머릿속으로 재빨리 계산하며, '제자 나이가 삼십대 후반이니 그의 나이가 사십대 중반으로 가고 있을 텐데, 그럼, 혹시 총각이 아닌 걸까?' 하고 생각했는데, 바로 그 생각을 알아차렸는지 그녀는 얼른 "아래예요."라며 깔깔대며 웃었다. 이번에는 진짜 한 대 얻어맞은 것 같았다. 내 편견을 여지없이 깨놓지 않았는가 말이다. 그 제자가 평소에 보여주었던 걸 고려하면 얼마든지 그럴 수 있다는 생각을 왜 못했을까? 한두 살 차이는 그래도 흔한 일이지만 이런 특별한 일은 우리네 일반 사람들에게는 일어나기 어렵다고 생각했었는데, 갑자기 내 생각이 얼마나 좁았는지를 일깨워준 사건이었다.

그러더니 뜻밖에도 "교수님께서 늘 적극적으로 살라고 하신 말씀을 항상 마음에 두어 이렇게 될 수 있었어요." 하는 게 아닌가. 학생들에게 늘 나의 소극적인 성격 때문에 할 수 있었던 일을 못한 적이 얼마나 많았는지 털어놓곤 했다.

어린 시절 내가 가장 감명 깊게 읽었던 책은, 에리히 케스트너의 장편동화 『날아가는 교실』이다.[113] 독일의 한 고등중학교 학생들의 이야기를 담은 책으로 그 중에서 나의 마음을 사로잡은 아이는 멋있고 지도력 있는 주인공 마르틴이 아니라 공부는 잘하되 용기가 없는 작은 아이 울리이였다. 그는 자신의 두려움을 이겨내기 위해 남들 앞에서 용기 있는 행동을 해 보인다며 높은 곳에서 우산을 펴고 뛰어내리다가 우산이 펴지지 않아 다리가 부러지고 말았다. 그런데 아무도 그 아이가 왜 그런 행동을 해야 했는지 몰랐다. 남들은 그에게 그다지 큰 관심이 없었고, 더구나 그를 겁먹게 하려는 의도도 없었기 때문이다. 결국 두려움이란 남이 내게 만들어준 것이 아니라 바로 자기 안에서 만들어냈다는 것을 깨닫고, 또 용기 있는 행동을 실제로 해봄으로써 울리이는 두려움에서 완전히 치유되었다. 그 울리이의 극복하려는 적극성이 부러워 학생들에게 그 책 이야기를 들려주며 두려움에서 나오라고 했다.

그러니 그 제자의 말은 "나는 '바담풍'(바람風)해도 여러분은 '바담풍' 하지 마세요."라고 한 걸 가리키는 건가. 미국에서 박사학위 관문시험을 치렀을 때, 사무장은 내게 합격 통지를 해주면서, 지필시험은 몰라도 네가 말하는 것을 한 번도 본 적이 없으니 어떻게 구술시험에 합격했는지 이해할 수 없다고 했을 정도로 나는 소극적이었다. 그 소극성이 나를 늘 가로막았기에 그 경험을 역설적으로 말해주었을 뿐이었는데…. 그녀가 잘 살아오게 된 것이 어디 내 몇 마디 덕분이겠는가, 자신을 잘 갈고 닦아간 그녀 자신의 노력 덕분이지.

신랑은 그녀가 과장으로 있는 부서의 부하 직원으로 적극적으로 일을 추진해나가는 모습에 매력을 느꼈다고 했다. 그래도 시댁에서는 어떻게 허락했느냐고 또 마지막 나의 편견에 가득 찬 걱정을 담아 조심스럽게 물어보았더니 그 부모님은 아들의 판단을 완전히 믿으신단다. 그 부모님은 또 얼마나 대단하신가. 아니 대단하다고 생각하는 이 생각도 잘못된 것이겠지?

　그녀가 저절로 그런 적극적인 성격을 얻은 것이 아니라는 것을 나는 잘 안다. 그녀는 타 대학교에서 대학원 생활을 하는 동안 연구 외에도 인간관계에서 부딪히는 어려움으로 좌절하고 싶은 순간이 한두 번이 아니었다. 그곳에서 편견의 희생물이 되었기 때문이다. 못 견디게 힘들 때는 답답한 마음에 철학원을 찾기도 하였고 가끔은 나를 찾아와 고충을 털어놓기도 하였다. 하지만 그녀는 포기하지 않으며 천천히 자신을 돌아보게 되었다. 그러는 동안 원래의 성격에 더하여, 고통에 무릎 꿇지 않는 강인하면서도 부드러운 모습으로 변하게 되었고, 직장과 결혼을 모두 가능으로 이끌었다. 성격이, 아니 인격이 바로 능력이 된 것이다.

　편견에 사로잡힌 내 속 좁은 생각 때문에 생긴 가슴 아픈 추억이 있다. 어린 시절 나는 아버지가 나를 사랑하지 않는다고 생각했다. 어머니와 함께 계신 안방에 들어가면 얼마 있지 않았는데도 그때마다 "이제 그만 네 방으로 가봐라."고 하셨다. 보통 때는 말씀이 없어서 선뜻 다가가기 어려웠고 저녁에 퇴근해서 들어오시면 나는 얼른 내 방으로 들어가 숨곤 했다. 게다가 난 여느 딸들처럼 아버지 앞에서 애교도 부릴 줄 몰랐다. 술을 마시고 들어오시는 날이면 꽤 다정하게 나를 부르시고는 돌아가신 할머니가 좋아하시던 성가를 피아노로 쳐달라시며 당신 어머니를 그리워하는 모습도 보여주셔서 나는 어린 마음에 아버지가 술 마시는 걸 더 좋아하기도 했다. 그러나 대부분의 시간은 무섭지는 않지만 무뚝뚝한 모습을 보여주셨기에 어느덧 나도 아버지와 둘만 있는 것이 불편해졌다.

대학교 들어가서 아버지가 술 마시는 것을 가르쳐주시겠다며 맥줏집에 데려가셨을 때도 나는 내내 그 분위기를 어색해 했다. 아마 아버지도 그때의 내 상태를 아시고 풀어주시려고 그런 기회를 마련하신 게 아니었나 싶다.

대학 졸업 후 내가 사귀는 사람이 있으니 결혼하겠다고 했을 때였다. 당장은 아무 말씀 안 하셨다. 그때도 나는 속으로 '그래, 아버지는 내게 관심이 없으신 거야.'라고 생각했다. 당시에 아버지는 지방에서 사업을 하시느라 가끔씩 서울 집에 오셨는데, 어느 날 올라오셔서는 어머니와 내게 느닷없이 청평에 드라이브나 하러 가자고 하셨다. 가는 길 내내 아무 말씀 없으셨기에 나는 조수석에서 부모님이 좋아하시는 음악 DJ 노릇을 하며 어머니와 함께 노래를 부르기도 했다. 청평에 도착해서 주변의 아름다운 경치를 돌아보고 아버지는 식사와 함께 술을 드셨다.

집에 돌아오는 길이었다. 갑자기 아버지가 해가 지고 있는 붉은 노을 속으로 날아가는 새를 보시면서 시를 읊기 시작하셨다. 젊어서는 기자 생활을 하신 문학청년이었기에 평소의 글 솜씨는 말할 나위 없이 좋았다. 지금 정확하게는 기억할 수 없지만 어린 새가 처음 하늘을 날 때는 그냥 떠나지 않고 반드시 부모의 가슴을 날카로운 발톱으로 콱! 찍고서야 날아간다는 내용이었는데 그 시를 듣고 어머니도 우시고 나도 따라 울었다. 그런데 뒤를 돌아보니 아버지의 눈가에도 눈물이 맺혀 있었다. 그러시면서 아버지는 이렇게 말씀하셨다. "영애야, 나는 네가 삼십이 되건 사십이 되건 영영 내 곁을 떠나지 않을 거라 생각했다. 네가 떠난다는 게 각오가 잘 되지 않는다." 술기운을 빌려 당신의 마음을 전하신 그 말씀에 그때까지 아버지에게 잠가놓았던 내 마음의 자물통이 열리면서 온통 죄송함으로 가득 찼다. 난 얼마나 내 생각에만 눈이 어두웠던 이기적인 딸이었나. 조금만 아버지를 살필 수 있었어도 그 깊은 속마음을 알았을 텐데…. 환갑을 지낸 이듬해 돌아가신 아버지께 한 번도 마음으로 효도 못한 이 딸자식이 이제야 고개 숙여 죄송함과 감사한 마음을 보내드린다.

하기는 나 자신도 외모만 보면 누가 봐도 건강이 넘쳐 보이지만 계절을 가리지 않고 오는 감기 가는 감기 다 걸리고, 허리 디스크 수술을 비롯하여 그간 몇 차례의 큰 수술을 받아야 했을 만큼 건강에는 자신 없다. 조금만 피로하면 어지러워 아무 일도 할 수 없다. 그러기에 강의가 있는 전날 저녁에는 불가피한 사정이 아니면 어떤 모임에도 참석하지 못해서 오해를 많이 받는다.

한 번 보고 오면 얼른 또 보고 싶어지는 손자도 보러 가기가 쉽지 않다. 한창 말을 시작하여 너무 예쁜 손자. 한번은 내가 아들네를 방문하고 난 뒤 손자가 심하게 열이 났다고 한다. 누구도 나 때문에 그렇다는 말은 하지 않았지만 당시 신종플루로 워낙 불운한 일이 많이 일어나고 있는 데다 나 자신 또한 건강에 자신이 없는 터라 여간 조심스러운 것이 아니었다. 며칠 전에는 하도 보고 싶어 손자를 보러 가서는 한순간도 마스크를 벗지 않았더니 모두들 나더러 고문당하러 왔다고 해서 함께 웃었다.

이런 사정이니 얼굴 보여야 할 곳에도 못 가고, 스스로 조심하는 행동이 엄살 부리는 듯 보이기 일쑤다. 때로는 사람들 만나는 데 냉정하고 무심하다는 오해를 받을지도 모른다. 가장 어려웠던 때는 해마다 오는 새해였다. 우리 집이 큰집이어서 차례를 지내야 했는데, 시어머니가 모든 것을 다 준비하셨고 친척들도 모두들 한 가지씩 준비해왔는데도 불구하고 당일에 하는 소소한 일만으로도 내 허리는 끊어져나가는 것 같았고, 그후 며칠간은 일어나지를 못했다. 남이 하는 일보다 몇 분의 일도 안하면서 그렇게도 티를 내는 것이 민망했지만, 그래도 내겐 무척이나 힘든 일이었다. 그런 형편이면서도 친척들에게 잘못 보일까봐 전전긍긍했던 건 또 뭔지.

  이렇게 다른 사람을 판단하는 데는 별 문제없다는 듯이 쉽게 하면서도 내게는 핑계도 구구절절 많기만 하다. 이제 다른 사람들이 겉으로 보여주는 모습이 전부가 아니며 그 속에 숨겨진 고뇌와 노력을 찾아내는 데 더 마음을 써야겠다는 새로운 각오를 해본다.

Le Chatelier's principle

_동적 평형 상태에 있는 어떤 계가 외부의 자극을 받으면
 그 자극의 영향을 최소화하는 방향으로
 새로운 평형이 이루어진다는 원리

> 자연에는 세력균형으로 결정되는 중용이 존재한다. 소금을 지나치게 쓰는 것도, 아주 적게 쓰는 것도 모두 악이라는 러시아 격언이 있다. 정치와 사회관계에서도 마찬가지다.
> —멘델레예프

르샤틀리에 원리

새롭게 거듭나는
평형에 이르는 길

르샤틀리에 원리[114]는 **닫힌 계**界에서 열역학적 평형이동에 관한 원리로 평형상태에 있는 물질계의 온도나 압력을 바꾸었을 때, 그 평형상태가 어떻게 이동하는가를 설명하는 원리다. 평형이란 가역 반응에서 일정 시간이 지난 후에 정반응과 역반응의 속도가 같아져 반응이 정지된 것처럼 보이는 상태를 의미하며, **동적 평형**動的平衡[115]이란 겉보기에는 반응이 정지된 것처럼 보이나 실제로는 정반응과 역반응이 동시에 같은 속도로 진행되고 있는 상태를 말한다. 평형상태에서는

르샤틀리에 원리Le Chatelier's principle 열역학적 평형이동에 관한 원리로 평형상태에 있는 물질계의 온도나 압력을 바꾸었을 때, 그 평형상태가 어떻게 이동하는가를 설명하는 원리다. 이 원리에서 물리적, 화학적 변화에 대하여 평형을 이루는 방향으로 운동이나 반응이 진행됨을 알 수 있다.
닫힌 계 외부와 에너지 교환을 하지 않는 계.
동적 평형 화학 반응계에서 내부는 미시적으로 움직이고 있는데도 외관상 정지해 있는 것처럼 보이는 경우의 평형상태.

반응물질과 생성물질이 일정한 농도로 공존하고 있다.

　여기에 온도, 농도, 압력을 변화시키거나, 기체를 방출하게 하거나, 침전이 생성되도록 외부에서 자극을 주면 그 자극을 감소시키도록 반응물과 생성물 농도 사이의 비$_比$가 변화되기 때문에 평형이 이동하게 된다.

　예를 들면, 암모니아$_{NH_3}$는 다음과 같이 수소와 질소의 반응으로 생성된다.

$$3H_2 + N_2 \rightleftarrows 2NH_3 + 열$$

　이 반응은 가역반응으로 암모니아가 합성되는 정반응뿐 아니라 질소와 수소로 분해되는 역반응이 동시에 일어나고 있다는 것을 뜻한다. 그러므로 평형상태에서는 일정한 농도의 수소, 질소 그리고 암모니아의 혼합물이 존재하고 있다. 이 반응에서 온도, 농도와 압력을 높여주면 어떤 변화가 일어나는지 르샤틀리에 원리를 이용하여 알아보자.

　먼저 반응의 온도를 높이면 어떻게 될까?

　오른쪽으로 진행되는 정반응에서는 열이 방출되어 온도를 높이게 되는데 반해, 역반응에서 분해되기 위해서는 열을 흡수해야 한다. 이 원리에 따르면 혼합물을 가열할 경우 온도상승이 적게 일어나는 방향으로 평형이 이동하려 한다. 그러므로 열이 방출되는 오른쪽 방향으로 반응이 진행되기보다는 열을 흡수하는 역반응으로 진행되어 새로운 평형을 이루게 될 것이다. 즉 암모니아의 분해가 촉진되어 암모니아의 농도는 줄어들고 수소와 질소의 농도가 많아지게 된다. 반대로 온도를 낮추면 열이 발생하여 온도를 높이는 방향으로 반응이 진행될 것이므로 정반응이 촉진된다. 그러므로 암모니아의 합성을 위해서 고온보다는 저온에서 반응하는 편이 더 효과적이다.

다음에는 질소를 더 많이 가해주면 어떻게 될까?

스트레스를 없애는 것은 질소를 없애는 것이므로 정반응의 방향으로 진행되어야 한다. 그러므로 새로운 평형상태에서는 수소도 함께 감소하며 암모니아가 많이 생성된다.

이번에는 반응계 전체의 압력을 높이면 어떻게 될까?

아보가드로의 법칙에 의해 기체는 종류가 다르더라도 1몰의 부피는 모두 다 같다. 정반응으로 진행될 때 반응물은 3몰의 수소와 1몰의 질소의 합인 4몰에서 생성물인 암모니아 2몰로 그 몰수가 줄어든다. 이는 일정한 부피를 가진 용기에서 반응시킬 때, 반응물의 압력이 생성물의 압력보다 높다는 것을 의미한다. 그러므로 압력을 높여준다면 그 압력 상승을 해소하는 방향으로 가려 할 것이므로 몰수가 줄어드는 정반응으로 진행될 것이다. 즉 고압에서 반응할 때 암모니아의 수율收率이 더 높아질 것이다. 이와 같이 고압·저온을 이용한 암모니아 제조법은 이 원리에 바탕을 둔 것이다.

같은 기체 상태의 반응인데 기체의 몰수가 변하지 않는 경우는 어떨까?

아보가드로의 법칙 같은 온도와 압력하에서 모든 기체는 같은 부피 속에 같은 수의 분자가 있다는 법칙으로 아보가드로(Amedeo Avogadro)가 기체반응의 법칙을 설명하기 위해 주장하였다.

$$H_2(g) + I_2(g) \rightleftarrows 2HI(g)$$

이 반응에서는 반응물의 몰수와 생성물의 몰수가 모두 2몰이다. 만일 요오드화수소HI의 생성을 증가시키려 한다면, 이 반응계가 평형에 있을 때 수소나 요오드를 첨가해주면 된다. 반응물의 농도가 커지므로 이를 감소하는 방향으로 진행되기 때문이다.

그런데 반응계의 압력을 높여주면 어떻게 될까?

암모니아의 경우에는 몰수가 변화했기 때문에 압력의 변화가 평형에 영향을 미쳤지만 이 경우에는 몰수가 같기 때문에 아무런 영향을 주지 않는다.

비가역반응에서 르샤틀리에 원리를 생각해보는 것도 흥미로운 일이다.

침전이 생성되는 반응에서는 그 생성되는 방향으로 진행하면서 더 이상 생성될 수 없을 때까지, 즉 완결될 때까지 반응이 진행된다. 인체에 무해하기 때문에 흰색 안료나 치약의 원료, 단단한 캔디의 결착방지나 밀크초콜릿의 크림화 촉진 등 여러 가지 용도로 쓰이는 탄산칼슘 $CaCO_3$은[116] 물에 용해하는 칼슘염$CaCl_2$과 탄산알칼리염K_2CO_3과의 반응에서 얻을 수 있다.

$$CaCl_2 + K_2CO_3 \rightarrow CaCO_3 \downarrow (\text{흰색 침전}) + 2K^+ + 2Cl^-$$

이 반응에서는 물에 녹지 않는 흰색 침전인 탄산칼슘$CaCO_3$이 생성되는데, 침전은 물에 녹지 않기 때문에 칼슘 이온 농도가 무시할 정도밖에 존재하지 않는다. 따라서 생성물 방향의 칼슘 이온의 농도가 줄어들게 되어 이를 증가시키기 위하여 반응은 왼쪽으로는 진행되지 않고 오른쪽으로만 완결할 때까지 계속된다.

화학반응뿐 아니라 우리 주위에서 일어나는 물리적인 현상도 르샤틀리에 원리로 설명할 수 있다. 추운 겨울에 얼음이 언 땅 위를 걸어갈 때 미끄러운 이유는 우리 발밑의 얼음이 약간 녹아 물로 변하기 때문이다. 물은 액체 상태일 때보다 고체 상태인 얼음일 때 부피가 더 크다. 얼음 위에 우리가 올라서면 몸무게로 압력을 주게 되므로 그 압력을 완화시키기 위해 부피를 줄이려 하게 되고 그렇게 하려면 물로 변해야 하는데, 이 물이 얼음과 섞여 더 미끄럽게 되는 것이다. 그리고 당연하게 보이지만, 잔잔한 호수에 돌을 던지면 돌이 떨어진 지점을 중심으로 물이 크게 출렁이다가 시간이 지날수록 물결이 주변으로 퍼지면서 돌이 떨어진 충격을 줄이는 작용이 이어지는 것도 이러한 이치다.

우리의 일상에서도 남에게 또는 자신에게 부자연스럽고 스트레스를 주는 일을 행하고 있을 때면 우리의 마음은 벌써 그 사실을 알아차리고 안절부절못하게 된다. 그때 우리는 애써 그 요인이 남의 탓이라며 자신은 그 상황에서 빠져나가려 하는데, 그러면 그럴수록 마음은 한층 더 복잡하고 불안해진다. 물론 시간이 가면 잊히기도 하지만 제대로 정리될 때까지는 그 생각이 문득 고개를 내밀 때마다 마음이 편안치가 않다.

그래서 바로 잡으려 한다. 때로는 그 과정이 힘들고 오랜 시간이 걸리기도 하지만, 결국은 자신을 돌아보며 그 요인을 있는 그대로 수용하고 자신으로 인해서 상대방이 힘들었으리라는 사실에 고개를 끄덕이는 것이다. 그럴 수 있을 때에라야 비로소 새로운 평형으로 편안히 거듭나게 된다. 그러나 일이 거기서 완전히 끝나는 건 아니다. 깨달음을 얻은 후 상대방에게 손을 내밀어도 받아주지 않는 경우는 또 얼마나 허다한가. 마더 테레사의 〈그럼에도 불구하고〉를[117] 마음에 새긴다면 새롭고 거듭나는 평형에 이르는 길에 도움이 되지 않을까 싶다.

> 사람들은 때로 믿을 수 없고
> 앞뒤가 맞지 않고 자기중심적이다.
> 그럼에도 불구하고 그들을 용서하라.
>
> 당신이 친절하면 사람들은 당신이 이기적이고,
> 뭔가 계산이 있을 것이라고 비난할지도 모른다.
> 그럼에도 불구하고 친절하라.
>
> …중략…
>
> 당신이 오늘 행한 선한 일을
> 사람들은 내일 잊어버리기도 한다.
> 그럼에도 불구하고 착한 일을 하라.

당신이 지닌 최선의 것을 이 세상에 주어도

항상 부족하게 느껴질지도 모른다.

그럼에도 불구하고 최선의 것을 주라.

르샤틀리에 평형의 원리는 개인 차원에서만이 아니라 국가 차원에서도 적용할 수 있다. 인간의 역사에서 오랜 세월 당연하고 자연스럽게 받아들여졌던 일들이 사회가 변화함에 따라 인간의 본질이나 도덕성에 모순이 드러나게 되고, 그 요인을 없애려는 움직임이 일어나게 된 사실도 이 르샤틀리에 원리가 적용되는 일일 것이다.

양성평등이 현대 사회에서 관심사가 된 것이 바로 그런 예다. 오늘날 흔히 여성의 지위와 권익이 향상되고, 각 분야에서 여성들의 발언권이 높아지고 있다고 말한다. 그러나 과연 제대로 향상된 것일까? 단지 과거와 비교하여 조금 나아졌다고 보는 것이 타당할 것이다. 세계경제포럼WEF이 발표한 「2009 글로벌 성性 격차格差 보고서」에 따르면, 한국의 2008년 성 평등 순위가 134개국 중 115위로 나타난 것만 보아도 알 수 있다.[118] 현실적으로 여성들은 가정과 사회에서 아직도 여러 가지 부당한 대우를 받고 있다.

이것은 우리 사회 속에 깊이 뿌리박고 있는 가부장주의 및 남성우월주의에서 비롯되었다. 전업주부에게는 물론이고, 취업한 주부의 경우에도 바깥일뿐 아니라 집안일과 자녀교육까지 완벽하게 병행하기를 요구하는 경우가 아직도 너무 많다. 우리나라 맞벌이 부부의 퇴근 후 가사분담 소요 시간을 조사하니 여자는 네 시간 3분인데 반해 남자는 34분이라 한다. 오늘날 세계에서 유례없는 최저의 신생아 출산율의 원인으로 지나친 사교육 열풍을 뽑고 있지만 여자들에게 슈퍼우먼이기를 요구하는 사회 분위기가 진짜 원인이 아닌가 한다.

또 부모가 이혼이나 별거로 따로 사는 일이 있을 때, 법적으로는 권리가 보장되어 있는데도, 현실적으로는 여전히 아버지가 어머니의 자녀 면접권을 불허하는 일이 허다하다. 아직도 여성의 취업이나 자아실현이 남성에게 방해된다고 생각하는 사람도 있다. 여성은 그저 내조나 해야지 그들에게도 자아가 있다는 것을 인정하지 않는 사람들이 아직도 우리 사회의 지도층에 있다면 과연 믿을 수 있을까. 아마 그들도 겉으로는 양성 평등을 외치지만 집안에서는 여성의 희생을 강요하고 있는지도 모른다. 오죽하면 나이 들어 남자에게 가장 필요한 것이 첫째는 마누라, 둘째는 부인, 셋째는 아내 하며 구구절절 배우자를 지목하는 반면, 여자에게는 건강, 돈, 친구라며 남편은 아예 명함도 내밀지 못한다는 우스갯소리도 있겠는가.

그러나 사실은 남성우월주의가 도리어 남성의 발목을 잡는 일이고 양성평등이야말로 남성에게도 스트레스를 줄여주는 결과임을 깨달아야 할 것이다. 요즈음 인기 있는 TV 프로그램인 〈개그콘서트〉에 '남보원'이라는 코너가 있는데, 남성들이 남성인권보장위원회를 결성하여 여성에게 평등한 대접을 요구하며 일어나 구호를 외치는 내용이다. 그 구호 중 재미있는 것 몇 가지를 보면 다음과 같다. '차 없다고 구박마라, 그 돈으로 네 가방 샀다.' '남자만 바깥쪽으로 가냐, 차에 치면 나도 죽는다.' '요즘 범죄 남녀 없다. 밤에 갈 땐 나도 떤다.'

이 내용에 웃음도 나고 고개가 끄덕여지기도 하지만, 미안하게도 그런 올가미 속에 갇히게 된 건 남성우월주의 때문이다. 그러나 이것도 고작 결혼하기 전까지라는 것을 생각하면 남성들이 그리 억울해할 일만도 아니다. 또한 남성이 반드시 우월하지 않아도 된다고 마음먹기만 한다면, 요즈음 같은 불경기에 남편이 일찍 퇴직을 당하더라도 좀 더 당당할 수 있을 것이다. 그간 고생한 남편은 직장의 스트레스에서 벗어나 마음 편하게 살림에 편승할 수 있을 테니 말이다. 그렇게 되기까지는 시간이 걸리겠지만 그래도 요즈음 곳곳에서 변화의 조짐이 확인되고 있어 반가운 일이다. 예를 들어 신세대 남편들이 집안일을 '도와준다는' 개념이 아니라 '함께 해야 한다'는 생각으로 한다거나 사회적으로 직위가 더 높은 연상녀와 부하직원 연하남 커플도 자연스러운 시선으로 바라보는 것들이 그것이다. 이렇게 느리게나마 양성평등 쪽으로 평형이 옮겨가고 있는 것 같아 남녀 모두에게 다행스러운 일이 아닐 수 없다.

우리나라의 심각한 사회문제가 어찌 이뿐이겠는가?

이공계 기피현상도 여성문제 못지않게 우리 사회에 주는 심각한 스트레스다. 약 30~40년 전만 하더라도 과학 한국의 기치를 내걸고 국가에서 과학계에 체계적인 후원을 하였기에, 전국의 최우수 학생들이 이공계 전공을 선택하였다. 그 덕분에 획기적인 업적을 세우면서 우리나라는 빠른 속도로 산업화를 이룰 수 있었다.

하지만 근래에는 많은 시간과 노력을 들여야 하고 체력적으로도 힘들다는 이유로 다수의 뛰어난 학생들이 이공계가 아닌 특정 분야에 지원하는 경향이 뚜렷하다. 게다가 졸업 후에는 어떤가. IMF 위기 때 기업에서는 이공계 출신들을 대규모로 퇴출하였다. 그만큼 기업에서 경영이나 관리직보다 훨씬 열악하고 안정적이지 못한 대우를 받고 있으며, 국가 출연 연구기관에서도 조기 정년 등으로 인해 우수 인력을 놓치고 있다.

과학계 기관의 수장首長이나 관리들이 과학에 대해 문외한이어서 과학자들의 요구를 이해하지 못하는 경우도 허다하다. 이를 계속해서 방치하면 나라의 앞날은 보지 않아도 뻔하다. 기초과학 연구의 튼튼한 바탕 위에서 창의적인 사고가 나올 수 있으며 이로부터 새로운 산업과 기술이 꽃 피울 수 있고, 경제 성장도 가능해진다는 것은 일반인들도 다 아는 사실이다.

이미 전 세계적으로 심각한 문제가 되고 있는 환경오염 문제, 해마다 수없이 공격해오는 각종 바이러스, 암이나 원인 모를 난치병 등에 대항할 신약개발, 그 외의 국가 이익에 중대한 영향을 미칠 많은 연구가 과학기술자의 힘을 빌리지 않고는 절대로 해결될 수 없다. 그러므로 미래의 한국을 위해 가장 중요한 것은 과학인재의 양성이다. 이런 사실을 인식한다면, 과학자를 우대하고, 그 저변의 인력을 확대하며, 연구에 대한 과감한 투자 등, 국가적으로 이공계에 힘을 실어준다는 것은 국가의 경쟁력 향상에 최소한의 필수 조건이지 결코 과학계에 대해 선심을 쓰는 것이 아님을 깨달아야 할 것이다.

미국의 경우에도 초기에 제조업으로 발전을 이루었으나 이제는 힘든 제조업을 버리고 쉬워 보이는 서비스업과 금융업으로 전문 분야를 옮기고 있다. 그러나 이제는 너무 커진 금융업에 오히려 발목을 잡히고 말았다. 제조업을 비롯한 산업을 다시 살리지 않는 한 미국의 미래 또한 밝지 못할 것이다. 최근 오바마 대통령이 과학기술과 수학 교육을 강화하자는 취지의 담화문을 발표한 바 있다. 15세 미국 학생의 국제 경쟁력은 과학에서 21위, 수학에서는 25위라는 사실도 이제는 더 이상 뉴스도 아니라면서 그는 이것 때문에 미국 경제는 물론 안보 측면까지 큰 도전을 받고 있다고 강조했다. 이를 위한 발 빠른 해결책으로 미국 학생들의 수학, 과학 능력 향상을 위한 마스터플랜을 발표하였다. 그는 "향후 5년 동안 1만 명 이상의 수학, 과학 교사를 양성하고 과학·기술·공학·수학 분야의 현직교사 10만 명에 대한 추가 교육훈련을 실시할 것"이라고 밝혔다. 이 프로그램은 수학 및 과학 교육 분야에 우수한 인재를 끌어들이고 기존 교사의 자질을 향상시키는 한편 유능한 교사에게 보상을 제공하는 데 활용된다.[119] 미국이 아직은 최강국임에도 이렇게 각성하는 담화문과 해결책이 나왔는데, 우리나라는 과연 어떻게 대처해야 할까?

물질의 세계에서는 스트레스가 있을 때 저절로 없애려는 방향으로 반응이 진행되지만, 이제 우리 사회에서는 저절로 되기를 기다릴 수 없다. 인위적으로라도 이공계 친화정책을 세워 새로운 평형상태로 이동시켜야 하는 일이 시급하다. 그래야만 지적재산권, 환경윤리학, 환경경제학 등의 인문학과 통합하여 현재 산적한 문제의 해결을 끌어낼 수 있다. 과학계의 많은 인사들이 진작부터 우려의 소리를 높여왔는데도 아직까지는 별 변화가 없어 보인다. 하루빨리 르샤틀리에 원리가 이 사회에 적용되어 남녀가 진정으로 평등해지고, 많은 우수한 인재들이 과학기술자가 되고 싶어하고, 연구에 종사하는 사람들이 폭넓은 지원을 받아 마음껏 연구의 날개를 펼 날이 오기를 간절히 바라본다.

Catalyst

_반응과정에서 소모되지 않으면서
 정반응이나 역반응 속도에 영향을 주는 물질

> 오래 살지 못할 것이라는 생각이 더 열심히 살고 더 많은 일을 하도록 만들었다.
> —스티븐 호킹

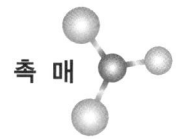

촉 매

자신의 상처를 극복하고
다른 사람의 아픔을
치유하는 삶이 되길

촉매catalyst란 반응과정에서 소모되지 않으면서 정반응이나 역반응 속도에 영향을 주는 물질을 말한다.[120] 촉매는 반응이 일어나는 데 필요한 활성화 에너지를 변화시킴으로써 반응속도를 변화시킨다. 활성화 에너지란 반응을 일으키는 데 필요한 최소한의 에너지로, 반응물이 생성물이 되는 데 넘어야 할 장벽으로 생각할 수 있다.[121] 반응 속도에 가장 중요한 영향을 미치는 것은 반응물과 생성물의 에너지 차이가 아니라 활성화 에너지다. 아무리 생성물의 에너지가 반응물의 에너지보다 낮더라도 활성화 에너지가 높으면 반응 속도는 아주 느려지게 된다. 이와 같이 활성화 에너지를 낮추어서 반응 속도를 높여주는 촉매를 정촉매, 활성화 에너지를 높여 반응 속도를 낮추는 촉매를 부촉매라고 한다.

촉매는 상狀, phase에 따라 크게 두 가지로 분류하는데, 반응물과 촉매의 상이 같으면 균일계 촉매homogeneous catalyst, 상이 다르면 불균일계 촉매heterogeneous catalyst라 한다. 상이란, 균일한 물리적·화학적 특성을 가지는 계의 균질한 부분으로 정의할 수 있다. 모든 순수한 물질 또는 모든 고체, 액체 및 기체, 그리고 용액도 상으로 볼 수 있다. 예를 들면 물에 녹아 있는 설탕 시럽 용액은 하나의 상이며, 고체의 설탕도 또 다른 상이다.[122]

균일계 촉매는 반응 용액에 녹아 촉매 분자 전체가 반응에 참여하므로 비교적 온화한 반응 조건에서 진행할 수 있으나, 촉매가 용액 속에 함께 녹아 있으므로 반응 후에 생성물의 분리나 촉매의 회수가 어려울 때가 있다. 한편, 불균일계 촉매는 용액에 녹지 않기 때문에 촉매의 표면만이 반응에 참여하므로 때로는 고온, 고압 등의 격렬한 반응조건을 필요로 하지만, 반응이 끝난 후에는 촉매의 상이 다르기 때문에 걸러내기만 하면 되므로 생성물의 분리나 촉매의 회수는 쉬운 편이다. 그러므로 어느 촉매를 더 좋다 나쁘다고 말할 수는 없고 합성할 화합물이나 조건에 따라 다르게 사용해야 할 것이다.

여기서는 촉매의 표면에서만 작용하는 불균일 촉매보다는, 반응에 온전히 참여하여 그 반응 **메커니즘**을 알 수 있는 균일 촉매에 대하여 알아보기로 한다. 대개 균일 촉매로는 유기금속 화합물이 많이 사용된다. 유기금속 화합물이란 전이금속 원자에 유기물질, 즉 탄소화합물이 **배위**결합하여 금속–탄소 결합이 포함된 화합물을 이른다.[123]

메커니즘 어떤 반응이 여러 단계를 거치면서 진행되는 일련의 과정을 말한다.
배위 결합에 관여하는 2개의 원자 중 한쪽 원자만을 중심으로 생각할 때, 결합에 관여하는 전자가 형식적으로 한쪽 원자로부터만 제공되어 있는 경우다.

그러면 유기금속 화합물 촉매에서 금속이 하는 역할은 무엇일까? 금속에는 반응물들이 배위할 수 있고, 그 배위된 리간드들의 **극성**極性을 증가시켜서 그들끼리 반응할 수 있도록 활성을 높여준다. 에틸렌 ethylene, C2H4이 수소와 반응하여 에탄C2H6을 만들 때 기존의 불균일 촉매를 사용하면 수백 도와 수백 기압의 격렬한 반응조건을 요하지만 균일 촉매를 사용하면 실온에서 1기압의 수소로도 반응이 진행되는데, 이는 에틸렌과 수소가 모두 금속에 배위함으로써 얼마나 활성이 높아지는가를 보여주는 결과다. 인간 세계로 말하자면, 맞선을 주선하는 중매쟁이라 할 수 있다. 그들은 양쪽을 오가며 상대방이 얼마나 좋은 조건의 사람들인지를 말함으로써 호기심을 불러일으켜 만남을 가능하게 하는 사람들이기 때문이다. 그런데 만일 그 주선자가 맞선의 주인공보다 더 빛나 보이면 결과가 어떻겠는가. 주선자가 조금 부족해 보일 때 그 주인공들은 그들끼리 집중할 수 있을 것이다. 그러니 중매쟁이의 부족함이 맞선에서 촉매의 역할을 제대로 해내는 데 얼마나 중요하겠는가.

한편, 앞에서 전형(1~2, 13~18족)원소는 그 주위에 8개의 전자를 가질 때 완전히 채워져 안정하며, 이를 옥텟규칙이라고 설명한 바 있다. 이에 대응해서 전이금속(3~12족)원소의 경우에는 **18-전자규칙**, 또는 EAN(Effective Atomic Number, 유효원자번호) 규칙이 있다.[124] 즉 이들 원자의 가장 바깥쪽 오비탈에 전자를 완전히 채우려면, 주족 원소의 경우에는 8개가 필요한 반면, 전이금속원소는 5개의 d 오비탈에 10개를 더 채워

극성 결정의 결정축 양끝의 성질이 서로 다른 경우로서, 전기적인 성질이 음과 양으로 서로 다르다.
18-전자규칙 전이금속 화합물들에도 역시 같은 주기의 비활성 기체의 전자배치를 모방하여, s, p, d 오비탈에 전자를 모두 채워 가장 안정한 상태로 존재하려는 18-전자규칙이 존재한다.

야 하므로 18개의 전자가 필요하고 이를 EAN 규칙이라 한다.

그러나 금속의 산화수가 높은 일반적인 전이금속 화합물들, 예를 들어 $[Cr(NH_3)_6]^{3+}$의 경우에는 중심원자 주위에 전자 수가 15개밖에 안 되어 EAN 규칙을 따르지 않는다. 그것은 금속 원자의 산화수가 +3으로 높아서, 18개가 안 된다 하더라도 리간드들과 함께 좋은 산-염기 역할을 할 수 있기 때문이다.

그러면 어떤 화합물이 EAN 규칙을 만족하는가? 금속의 산화수가 낮은 대부분의 유기금속 화합물의 경우가 그렇다. 그들은 이 규칙을 만족해야만 안정하기 때문이다. 금속의 산화수가 낮으면 이미 전자 밀도가 크기 때문에 배위하는 리간드로부터 오는 고립전자쌍들을 받아들이기 어렵다. 따라서 금속과 리간드 간의 결합이 약해질 수밖에 없어서 불안정하므로, 18개를 채움으로써 그 불안정함을 보완할 수 있다는 의미다.

앞에서 유기금속 화합물이 촉매로 많이 사용된다고 하였고, 또 그들이 촉매로 사용되려면 무언가 부족해야 한다고 했는데, EAN 규칙을 만족해서 모두 안정하다고 하니 그럼 어떻게 그들이 촉매로 사용된다는 말인가 궁금할 것이다.

그 예외라는 것이 좋은 일을 하는 경우가 많다. 여기에도 금속 주위에 18개가 아니고 16개의 전자만 가지고도 안정하게 잘 존재하는 화합물들이 있다. 이들이 촉매로 사용되는 것이다.

윌킨슨 촉매Wilkinson's catalyst로 유명한 로듐Rh 착화합물을 비롯하여 바스카 화합물Vaska's compound로 알려진 이리듐Ir 화합물, 자이스 염Zeise's salt인 백금Pt 화합물은 모두 금속 주위에 전자를 16개 가지고 있는 대

표적인 유기금속 화합물이다.[125]

　전자를 16개 가졌다는 것은 금속이 가질 수 있는 리간드 하나가 덜 배위되어 있다는 의미이기도 하다. 두 물질이 반응하려면 그들이 차지할 자리도 두 자리가 있어야 한다. 그러니 촉매 역할을 할 수 있으려면 그 촉매 화합물은 하나의 리간드를 떼어내어 한 자리를 더 마련해줄 능력이 있어야 한다. 다시 말하면, 촉매는 원래 전자수가 부족할 뿐 아니라 자신의 일부분을 또다시 잃음으로써 촉매반응을 시작하게 되는 것이다.

　그런데 앞에 말한 윌킨슨 등의 촉매들은, 금속의 주위에 16개의 전자를 가지고 있어 그 자체로서도 18개의 전자를 다 채우지 않았을 뿐 아니라, 리간드 하나를 제거하거나 치환이 가능하여 우선 자신의 일부를 잃어버리고 다른 원자나 분자가 들어올 수 있는 빈자리를 마련해줄 준비를 하고 있다는 점이다. 게다가 자리를 마련해줄 뿐 아니라, 금속 자체의 역할도 크다. 금속은 그들이 들어와 배위하게 되면 서로 만나서 반응을 잘할 수 있도록 활성을 높여주고, 생성물이 다 만들어지고 나면 자신은 조용히 빠져나가 또 다른 만남을 주선한다. 즉 자신의 한 부분이 떨어져나가는 상처를 입고도 다른 물질들의 반응을 도와주고, 그렇게 반응이 완결된 후에는 자신도 다시 원래의 모습으로 회복된다. 여기서 촉매는 반응을 도와준 후에야 자신이 회복된다는 사실이 눈에 띈다.

　촉매의 이러한 메커니즘을 생각하면서, 언젠가 내가 힘들어했던 문

제로 상담을 청했던 신부님이 들려준 이야기가 떠오른다. 상처 입은 사람이 다른 사람을 도와줌으로써 치유되는 과정에 대한 이야기로 그 내용은 헨리 나우엔Henri Jozef Machiel Nouwen의 『상처 입은 치유자』에 담겨 있다.[127] 나우엔은 가톨릭 사제로서 다른 사람의 아픔을 치유하는 자리에 있었지만, 자신이 상처가 없기 때문이 아니라 인간적인 나약함과 외로움의 상처를 가졌기에 치유자가 될 수 있었다. 그는 하버드와 예일 대학교의 교수를 지낼 정도로 심리학자이자 신학자로 인정받은 사람이었으나, 상처로 인한 내면의 목마름을 채워줄 물 한 모금을 늘 갈구하였다.

결국 아담이라는 말도 못하고 제대로 움직이지도 못하는 장애인을 만나고 돌봄으로써 도리어 그의 상처가 치유되고 목마름도 해갈되었다. 그는 자신의 고통의 자리에서 다른 사람의 고통과 만나고, 그 고통을 제거하기보다는 직시하고 더 나아가 고통과 친구가 될 수 있도록 도와주는 사이에 자신에게도 치유의 자리가 마련되었던 것이다. 이와 같은 이야기를 들려준 신부님은 덧붙여서 내가 누군가를 원망하고 미워하고 분노하는 것은 내 안에 있는 미성숙한 어린아이가 자기를 돌보아달라고 투정부리는 것이라 했다. 그 어린아이를 잘못했다고 윽박지르기보다는 위로해주듯 따뜻이 안아주라 했다. 그렇게 나의 내면을 들어가다 보면 다른 사람의 아픔도 느껴지고 그들도 껴안아줄 수 있게 되어 나를 미워하는 이웃에게 용서와 사랑을 실천할 수 있다고 하였다. 또 하나의 상처 입은 치유자를 만들어내는 과정이다.

최근에 바로 그 과정을 가슴 뭉클하게 전해주는 〈블랙BLACK〉이라는 인도 영화를 보았다. 보는 내내 옆 사람을 살필 여지도 없이 눈물을 펑 펑 흘렀다. 제목에서도 그 내용을 예견할 수 있듯, 온통 어둠의 세상 속에 갇혀 있어, 보지도 듣지도 못하는 아픔 때문에 제멋대로 날뛰기만 하는 여덟 살 소녀 '미셸'과 장애아를 치료하는 '사하이' 선생님과의 아름답고 절절한 이야기다. 헬렌 켈러와 앤 설리번 선생님의 이야기와 많이 닮아 있었지만 그렇다고 감동이 결코 덜하지 않은 영화였다.

딸을 포기하다시피 한 미셸의 부모가 마지막으로 선택한 사하이 선생님은, 그의 파격적인 교육방법 때문에 쫓겨날 위기에 처하지만 포기하지 않고 신념과 사랑으로 강하게 버티면서 그녀에게 세상을 보여준 사람이다. 미셸의 부모는 무질서하고 난폭하게 행동하는 그녀를 그대로 묶인하기만 했고, 그래서 옷에 종을 매단 채 감시할 수밖에 없었으며, 그러한 조치가 딸을 동물로 취급하는 것인지조차 몰랐다. 사하이 선생님은 그런 그녀에게 빛을 보여주겠다는 일념으로 그녀의 눈과 귀가 되어 예절을 가르쳤고, 수화를 가르쳤고, 세상과의 소통을 가르쳤고, 사랑을 가르쳤고, 그렇게 인간의 존엄성을 가르쳤다. 그녀의 아픔이 바로 그의 아픔으로 전해졌기에 가능한 일이었다. 보통 사람들이 배우는 첫 글자는 A, B, C…였지만, 그녀가 배운 첫 글자는 어둠, B. L. A. C. K.이었다. 그는 분수대 앞에서 물을 맞으면서 자신의 입에 그녀의 손을 대게 하여 '워~터water'를 발음하도록 가르쳤고 마침내 그녀가 그 말을 처음으로 따라했을 때의 감격이란!

그렇게 그녀의 그림자 같은 존재로 대학교까지 함께 다니던 어느 날, 알츠하이머병에 걸려 기억을 점차 잃게 된다. 미셸조차도 알아볼 수 없게 된 사하이 선생님은 그 사실을 미셸에게 알리지 않고 조용히 떠난다. '내가 미셸에게 가르쳐주지 않은 단 한 가지는 포기'라는 믿음을 간직한 채로. 홀로 남겨져 애타게 사하이 선생님을 찾으면서도, 그녀는 선생님의 믿음대로 대학 졸업과 함께 세상을 향한 도전을 계속한다. 그녀를 기억조차 못하는 선생님이었지만 간절히 만나고 싶어하는 그녀의 의지와 사랑에 힘입어 마침내 병상의 그를 만나게 되었다. 미셸은 자신의 졸업 가운을 입은 모습을 보는 첫 번째 사람이 선생님이어야 한다며 졸업식장에서가 아니라 병원에서 가운을 입고는 그 모습을 선생님에게 보여주었다. 이제부터는 미셸이 선생님에게 배운 방식대로 그의 치유를 위한 힘겨운 여정을 시작한다. 자신이 처음 알게 된 단어인 워~터와 글자 BLACK을 수화로 가르치면서 미셸은 이제 스스로 빛을 인도하는 사람이 되었다. 극심한 어둠을 체험했기에 그 빛의 가치를 더 크게 느낄 수 있었고, 그래서 그 어둠의 자리는 빛을 잃은 사람에게 빛을 전하는 자리가 되었다. 그녀는 상처 입은 치유자였다.

우리는 어느 누구라도 크든 작든 상처를 입지 않고 살아갈 수 없다. 그 아픔을 없애거나 잊기 위해 가까운 사람에게 털어놓기도 하고 그래도 못 견디면 전문가를 찾기도 한다. 어떤 사람의 경우에는 자신의 상처를 내어놓는 일이 자존심 상하는 일이라 생각하여 전혀 드러내지 못하는데 그러면 상처는 영영 아물지 않게 된다. 바로 이 상처라는 숭숭 뚫린 구멍 사이로 깨달음이란 보석이 들어올 수 있으니, 상처를 가지고 있음을 부끄러워할 이유가 없다. 그러니 누군가에게 털어놓는 것이 자신을 위해 좋은 일이다. 물론 신뢰할 수 있는 사람이어야 한다. 그리고 그 사람이 자신과 같은 경험을 가지고 있는 사람이면 더욱 바람직하다.

때로는 내게도 상담을 청하는 사람들이 있다. 그런데 나의 일이 아넌 다른 사람들의 고민을 듣다보면 어떻게 하는 게 좋을지 그 길이 훤히 보인다. 그래서 온갖 좋은 방법을 제시하곤 한다. 받아들이고 용서하는 것만이 자신의 치유 방법이라고, 나도 그렇게 해서 상처에 벗어날 수 있었다고 가끔은 잘난 척도 한다. 또 〈블랙〉 같은 영화에서 받은 깊은 감동에 힘입어 나도 상처 받은 자에 그치지 않고 이를 잘 극복하여 다른 사람들의 치유자도 될 수 있으리라는 생각도 한다.

그런데 나를 돌아보면 과연 그렇게 쉬웠던가? 솔직히 막상 그런 일이 내게 닥치면 당장은 그저 상처에만 집중하여 화를 내거나, 남을 탓하면서 나를 정당화시킬 이유를 열 가지도 넘게 생각해낸다. 아니면 고작 '그땐 왜 그랬을까?' 하는 죄책감에 시달리기나 하면서 그 자리를 어떻게 치유의 자리가 되게 할지는 전혀 생각해내지 못한다. '아차!' 하고 생각이 났을 때는 이미 다른 사람에게 상처를 주고 난 다음이다. 결국 머리로만 알고 있었지 마음까지 따라주지 못해 '자아가 시퍼렇게 살아 있는' 행동을 한 것이다.

이웃에게 용서와 사랑을 실천하려는 생각이 머리에서 가슴으로 가려면 아직 멀고도 멀었구나 싶다. 하지만 나도 사하이 선생님의 말대로 '포기를 배우지 못한 사람'처럼 계속해서 앞만 보고 가련다. 무엇보다도 상처에 집착하는 건 잠시 접어두고 이웃에게 또 나 자신에게도 감사할 일을 많이 찾아내야겠다. 그러다 보면 다른 사람들의 치유에도 촉매 역할을 조금이나마 할 수 있을 테고 그것이 내게 또다시 치유라는 선물로 돌아오며 사이클을 이룰 테니.

Law of Energy Conservation

_ 에너지의 형태가 바뀌거나 한 물체에서 다른 물체로 에너지가 옮겨갈 때, 항상 계 전체의 에너지 총량은 변하지 않는다는 법칙

> 모든 것은 변화한다. 그러나 실제로 사라지는 것은 아무 것도 없다. 모든 것의 전체는 언제나 정확히 꼭 같다는 것은 분명한 사실이다.
>
> —베이컨

에너지보존의 법칙

잃는 것이 있으면
반드시
얻는 것이 있게 마련이다

'에너지'라는 용어는 그 학문적인 의미를 모르더라도 우리 생활에서 흔히 사용하고 있다. 생기발랄한 사람을 보고 "에너지가 넘치는 사람이야."라고 말하거나 일을 많이 해 기운이 없을 때 "에너지가 하나도 안 남아 있다."고 표현하는 것처럼 말이다.

이렇게 눈에 보이지도 않고 만질 수도 없지만 확실한 뜻을 담아 말하는 에너지란 과연 무엇일까? 국어사전에는 '에너지'를 인간의 활동의 근원이 되는 힘·원기·정력이라 하였고, 물리학적으로는 물체가 물리적인 일을 할 수 있는 능력이라 하였다. 여기서 '일'이란 외부로부터의 힘에 의해 물체가 움직였을 때, 힘과 거리를 곱한 양이다.[127]

즉, 에너지란 일을 할 수 있는 능력이고, 일은 어떤 과정을 통하여 에너지가 변화한 것이라고 할 수 있다.

에너지에는 어떤 종류가 있을까?[128] 에너지는 어떻게 분류하느냐에 따라 매우 여러 가지로 생각할 수 있다. 여기서는 형태에 따른 에너지 몇 가지를 생각해보기로 하자.

우선 역학적인 에너지로는 운동에너지Kinetic Energy와 위치에너지Potential energy가 있다. 물체나 입자가 운동하기 때문에 가지게 되는 에너지가 운동에너지다. 운동하는 물체는 정지할 때까지 다른 물체에 일을 할 수 있다. 이 운동에너지는 움직이는 물체나 입자가 가지는 특성으로, 물체의 운동 속도뿐 아니라 질량에도 관계되는 양이다. 운동의 형태로는 **병진운동**竝進運動, translational motion, 회전운동回傳運動, rotational motion, 진동운동振動運動, vibrational motion 등이 있다.

다음으로는 위치에 따라 가지게 되는 위치에너지다. 힘이 작용하는 공간에서 어떤 물체가 기준점이 아닌 다른 곳에 있을 때, 기준점으로 되돌아가면서 일을 할 수 있는데 이를 위치에너지라고 한다. 위치에너지의 양은 물체가 기준점까지 이동하면서 하는 일로 나타내는데, 일을 하는 힘의 종류에 따라 중력에 의한 위치에너지, 탄성력에 의한 위치에너지, **만유인력**에 의한 위치에너지 등이 있다.

이렇게 위치의 변화를 통해 일을 할 수 있는 잠재적 에너지와는 다르지만 연료가 갖는 화학적 에너지도 위치에너지에 속한다고 할 수 있다. 왜냐하면 화학적 변화가 일어날 때 분자 내 원자에서 전하의 위치가 변하면서 위치에너지가 다른 형태의 에너지로 전환되기 때문이다. 화학에너지는 화합물의 구조 단위 내에 존재하는 것으로 이들이 화학

병진운동 물체가 평행 이동하는 운동을 가리킨다.
만유인력 우주 상의 모든 물체 사이에 작용하는 서로 끌어당기는 힘.

반응에 참여할 때 이 에너지는 흡수, 방출되면서 빛이나 열을 발생하며 다른 형태의 에너지로 변환되기도 한다.

온도가 다른 두 물체 사이에서 이동하는 에너지를 열 또는 열에너지라 하며 물질의 온도가 변하게 하는 원인이 된다. 열에너지는 항상 온도가 높은 곳에서 낮은 곳으로 이동하는데, 온도와 열에너지의 관계에서 주의할 점이 있다. 온도가 높다고 항상 열에너지가 더 많은 것은 아니라는 것이다. 즉 끓고 있는 뚝배기 속의 찌개 한 그릇과 미지근한 목욕탕 속의 물을 비교할 때 목욕탕은 그 부피와 질량이 뚝배기보다 훨씬 크기 때문에 비록 온도가 낮더라도 더 많은 열에너지를 품고 있다.

또 다른 형태의 에너지로는 태양 복사에너지가 있는데, 이는 태양이 방출하는 에너지로서, 지구 에너지의 근원이며, 우리 생활에 많이 이용되고 있다. 이 에너지는 가시광선, 자외선, 적외선, 감마선 등으로부터 오는 에너지로 구성되어 있다.

이 외에도 여러 가지 다른 에너지가 있으나 여기서는 에너지의 종류보다는 이러한 모든 형태의 에너지가 다른 형태로 변환될 수 있다는 것을 말하려 한다. 즉 운동에너지, 위치에너지, 열에너지, 빛에너지, 화학에너지 등 많은 형태의 에너지는 창조되거나 소멸되지 않고 단지 형태를 바꾸어 나타날 뿐이다. 한 에너지가 다른 에너지로 변환한 후 에너지의 총량은 변환하기 전 에너지의 총량과 같다. 닫힌계에서는 에너지의 총량이 보존되므로 이를 **에너지보존의 법칙**이라 한다. 이를 열역

에너지보존의 법칙 에너지의 형태가 바뀌거나 한 물체에서 다른 물체로 에너지가 옮겨갈 때, 항상 계 전체의 에너지 총량은 변하지 않는다는 법칙.

학 제1법칙이라고도 부르며 클라우지우스Clausius는 이를 가리켜 '우주의 에너지는 상수常數'라고 하였다.[129]

예를 들면, 수력발전이 이루어지는 메커니즘은 물의 위치에너지가 터빈을 돌리는 운동에너지로, 그 운동에너지가 다시 발전기를 통하여 전기에너지로 변환된다. 이렇게 변환하는 동안 에너지의 총량은 보존된다. 또한 진자振子 운동에서는 높은 곳에서 아래쪽으로 움직임에 따라 속도가 빨라지므로 물체의 위치에너지는 감소하지만 운동에너지는 증가한다. 다시 올라가게 되면 반대로 된다. 그러므로 공기의 저항이 없다고 가정하면 지면에 떨어지기까지 위치에너지가 감소한 양과 반대로 운동에너지가 증가한 양은 같다. 이처럼 에너지의 형태는 변하지만 에너지의 총량, 즉 위치에너지와 운동에너지의 합은 변하지 않는다.

에너지보존의 법칙이 처음 제기된 것은 열의 성질을 연구하는 과정에서였다. 19세기 초에는 대부분의 과학자들이 열은 열소라는 물질이 만들어낸다고 생각했다. 그러다가 의사였던 로베르트 마이어Julius Robert Meyer는 음식물을 섭취하면 몸 안에서 열로 변하고, 이것이 다시 몸을 움직이게 하는 운동에너지로 변한다는 생각을 기초로 해서 모든 종류의 에너지들이 서로 변환 가능하며, 전체 에너지의 양은 보존된다는 주장을 내놓았다. 즉 열도 화학에너지, 역학적 에너지 등과 함께 형태만 달리하는 에너지의 하나이며, 서로 변환할 수 있는 물리적 양으로서 우주에 존재하는 에너지는 창조되거나 소멸되지 않고 그 총량은 보존된다는 것이다. 한편, 헬름홀츠Hermann Helmholtz도 마이어와는 별도로 1847년에 체내의 열이 음식물의 화학에너지에 의해 발생되는 것이라는 주장을 내놓았다.[130]

영국에서도 줄James Joule은 역학적 에너지가 열에너지로 변환되는 것을 보여주는 과정에서, 1cal의 열량이 4.184J의 에너지와 같다는 것을 실험적으로 밝혀주었고, 이렇게 에너지 보존의 법칙이 확립되었다.

아인슈타인의 유명한 방정식 $E=mc^2$(E: 에너지, m: 질량, c: 빛의 속도)가 알려진 이후에는 질량도 에너지의 일종으로 본다. 즉 핵분열에 의한 원자폭탄의 경우 핵 안에 매우 강한 힘으로 끌어당기고 있는 입자들이 서로 갈라지면서 그 힘이 에너지로 나타나고 이때 질량이 감소하면서 에너지로 바뀐다. 그러므로 화학의 기본법칙인 질량, 에너지 보존의 법칙이 약간 흔들리는 것 같지만 실제로 핵분열이 아닌 일반적인 화학반응에 따르는 질량의 변화가 얼마나 되는지 알아보기로 하자.

황S이 연소하면 아황산가스SO_2가 된다. 만일 황 32g과 산소 32g을 반응하면 64g의 아황산가스가 만들어지고 이때 296.8kJ의 에너지가 발생한다. 이때 감소하게 되는 질량을 $E=mc^2$ 식에 대입해 계산해보면 3.3×10^{-6}mg으로 분석 저울로도 잴 수 없을 뿐 아니라 생성물의 질량 64g에 비하면 무시할 수 있을 정도의 양인 것이다. 이와 같이 일반적인 화학반응에서는 질량의 변화가 아주 미미한 정도이므로 에너지와 질량은 우주라는 닫힌 계에서 보존된다고 간주할 수 있다.

이번에는 실험실의 화학반응을 살펴보자. 어떤 반응에서 반응물보다 생성물이 더 안정하다면 이것은 반응물의 화학적 에너지, 즉 엔탈피enthalpy가 생성물의 엔탈피보다 높다는 의미다. 엔탈피를 더 명확히 말한다면, 열역학에서 계의 내부 에너지와 계가 바깥에 한 일에 해당하는 에너지의 합으로 정의되는 **상태함수**다.

상태함수는 그 반응과정이 어떻게 되든 상관없이 시작과 끝을 중요시하는 함수다. 즉, 처음 상태와 최종 상태를 보고 그 상태들을 가지고 있는 값들의 차를 구한 것이 상태함수다. 간단한 예를 들면 'A→B' 라는 반응이 진행되었을 때, 중간의 모든 과정과 값들을 생략하고 B의 값과 A값의 차를 구하는 것이다.

그런데 반응물의 엔탈피가 생성물의 엔탈피보다 더 높은 반응이 진행될 때는 그 엔탈피 차이만큼 열을 방출하게 되어 이를 발열반응이라 하며 반응 엔탈피는 음의 값을 가지게 된다. 이때 화학적 에너지는 열에너지로 변환된 셈이다. 그러므로 반응하기 전 반응물들의 에너지의 합은 반응 후에 생성된 물질들의 에너지와 방출된 열에너지의 합과 같아 이 반응계의 에너지는 반응 전, 후에 변하지 않았다. 또 그와 반대로 반응물이 생성물보다 더 안정하다면 반응을 진행하기 위하여 외부에서 그 차이만큼의 열을 가해주어야 하는데 이를 흡열반응이라 하고 양의 값을 가지며 이때도 물론 에너지는 보존된다.[131]

발열반응이 일어날 때는 반응 용기가 뜨거워지는 반면, 흡열반응 때는 열을 가해주지 않으면 반응이 잘 일어나지 않을 뿐 아니라 반응 용기가 차가워져서 바깥쪽에 이슬이 맺히는 현상을 볼 수 있다. 질산암모늄NH_4NO_3을 물에 녹였을 때 차가워지는 것은 이 물질이 물에 용해하면서 주위로부터 열을 흡수하기 때문이다. 생성물의 안정도가 클 때는 반응이 진행되면서 주위가 따뜻해지는데 이것이 마치 우리 삶의 여유로움이 만들어내는 넉넉함처럼 느껴져 그것이 비록 물질일지라도 마

| 상태함수 계의 상태에만 의존하고, 현재 상태에 도달하기까지의 경로, 즉 과정에는 무관한 것을 말한다.

음이 흐뭇해진다. 또한 흡열반응에서 이슬이 맺히는 현상은 자신의 어려운 처지를 도와달라고 눈물로 호소하는 것처럼 보인다.

 대학원 시절, 실험실에서 출발물질을 만들 때였다. 여기서 출발물질이란 어떠한 물질이나 물체를 제조 또는 생산하기 위해 처음에 사용되는 물질을 말한다. 모든 과정에서 공기가 들어가지 않도록 시료와 용매를 조심스럽게 플라스크에 넣고 질소가 잘 통하고 있는지, 냉각수도 적당히 흐르고 있는지 점검하고는 온도를 올려 반응을 돌리기 시작했다. 나는 그것을 여러 번 만들어봤던 터라 그 과정을 약 10분간 지켜본 후 실험실에서 가까운 햄버거 가게에 가서 잠깐 커피를 마시고 왔다.
 사실 두 시간 동안 환류還流하는 과정이니 그 동안은 들여다보지 않아도 된다고 생각했던 것이다. 그런데 돌아와보니 용액의 색깔이 예쁜 오렌지색이어야 하는데 갈색으로 변해 있었다. 무척 비싼 시약이기도 했거니와 출발물질이어서 한꺼번에 많은 양을 사용해야 했기에 얼마나 속이 상했는지 모른다. 그렇게 그들은 혼자 내버려두지 말고 함께 있어줘야 한다고 내게 말을 걸어왔다. 그후로는 실험 장치를 다 해놓고 반응을 시작할 때마다 그들을 향해 "잘해줘. 너희를 믿는다." 하고 말하곤 했다. 그러고는 그 자리를 쭉 함께 지켰음은 물론이다. 아마도 그때 나의 무의식 속에 내가 실험을 잘 못한다는 생각이 자리잡고 있어서 더 크게 반성했는지 모르겠다. 그래서 난 늘 남들보다 더 조심해야 했고, 또 잘못될까봐 노심초사하곤 했다. 이런 태도 때문에 내가 무

사히 학위를 마칠 수 있었다면 그날의 실수로 모두 잃은 것만은 아니었다. 걱정 에너지가 무사 성공으로 전환된 셈이니 말이다.

사는 동안 기쁜 일이 생기면 세상을 다 얻은 것 같고, 또 어이없이 어려움이 닥칠 때는 무거운 짐을 져야 할 어깨에 힘이 쭉 빠져버린 것 같다. 이런 일들은 닥칠 때마다 새로운 것 같지만 아주 대형 사건이라도 사실은 우리의 일상이다. 다 잃어버린 것 같은 때에도 그 속에서 반짝이는 보석을 찾아내는 경우가 얼마나 많은지 모른다.

얼마 전에 TV에서 놀랍고도 감동적으로 살아가는 70세 시각장애인의 모습을 보았다. 네 살에 수두를 앓으면서 시력에 이상이 왔고 그후로 차츰 더 나빠져서 50세 때 완전히 잃게 되었다고 했다. 그러나 그 눈으로 나무를 전기톱으로 자르는 위험한 일뿐 아니라 눈이 보이는 사람이라도 두려워하는 용접 일까지 능숙하게 하면서 자기가 필요한 것들을 모두 손수 만들어 사용하고 있었다. 집 뒤의 동산도 길을 내어 다닐 수 있게 만드는가 하면 2급 지체장애인인 부인을 도와 부엌일도 척척 해냈다. 칼질하는 솜씨가 얼마나 빠른지 웬만한 음식점 주방장 급이었다. 그렇게 되기까지 그는 밤을 새워가며 혼자서 도구 사용하는 법을 하나하나 연습해야 했다.

그 일은 자기 가족만을 위한 것으로 끝나지 않았다. 수리점이 없는 그 동네에서는 고장 난 물건만 생기면 다들 그를 찾아오고, 신기하게도 그의 손만 거치면 뚝딱 수리가 되곤 했다. 또 한시도 가만있지 않고 동네를 돌아다니면서 사람들에게 불편한 점은 없는지 물었다. 그의 그런 행동은 불편하게 사는 것의 어려움을 체험하였기에 가능한 것이다. 그의 두 눈을 잃은 자리는 보석 같은 배려의 마음, 그리고 주위의 고마워하는 시선들로 채워진 것이다. 이렇게 무엇을 잃는다고 영원히 없어지는 것이 아니다.

얼마 전에는 또 복권에 당첨된 사람들의 현재 상태에 관한 이야기를 들었는데, 그 당시에는 세상을 모두 얻은 것 같았지만 쉽게 얻은 것은 나가기도 쉽다고 다 탕진하고서는 제대로 살아가는 사람이 별로 없다고 했다. 또한 산업 발전으로 생활의 풍요를 가져온 대신에 환경오염이라는 반갑지 않은 부산물을 얻었지만, 노벨 경제학상을 받은 쿠즈네츠Simon Smith Kuznets는 "경제 수준이 일정 단계를 넘어서면 환경오염이 줄어든다."고 했다.[132] 물론 주의를 요하는 가설이기는 하지만, 국민의 경제 수준이 높아지면 환경 개선에 대한 국민들의 요구도 커져 그에 상응하는 투자를 함으로써 환경이 개선되기 때문에 산업 발전은 환경문제의 원인이기도 하고 해결의 원동력이기도 하다는 의미다.

이렇게 얻는 것이 있으면 어느 한 부분에서 반드시 잃는 것이 있고, 또 잃는 것이 있으면 그것을 바탕으로 해서 얻는 것이 있기에 이 세상의 모든 것은 보존의 테두리 안에서 일어나고 있다고 볼 수 있다.

그러므로 비가 오고 바람이 부는 자연 현상, 자동차 연료가 역학적 에너지로 변화하여 움직이는 현상, 실험실이나 공장에서 실행하는 화학반응, 생물체 내에서 일어나는 화학반응 등 물질세계는 물론이요, 정신세계의 모든 반응에 이르기까지 모두가 질량 보존 내지는 에너지 보존의 범주 안에서 변화하고 있다.

하루하루를 무엇인가 얻기보다는 잃은 것이 더 많다고 억울해 하며 하나라도 더 움켜쥐려 하는 우리 삶이지만, 좀 더 진지하게 자신을 돌아보고 또 앞날을 생각하면 잃는 것이 없는 삶일 것이다. 그러니 욕심을 버리고 모든 것을 있는 그대로 받아들이는 연습을 하며 살아가야 할 일이다.

Hess' law _ 에너지가 상태함수라는 점을 이용하여, 출발물질과 최종물질이 같은 경우에는 어떤 경로를 거쳐 일어나든 관계없이 반응에 관여한 총 에너지는 보존된다는 법칙

> 자연은 자신의 모습을 짜기 위해서 가장 긴 실을 사용한다. 그래서 자연이 짠 옷감의 작은 부분들은 전체 옷감의 조직이 어떤 것인지를 보여준다.
> —리처드 파인만

헤 스 의 법 칙

사는 일이
힘에 부치면
낯선 길을 떠나보자

헤스Hess의 법칙은, 에너지가 상태함수라는 점을 이용하여, 출발물질과 최종물질이 같은 경우에는 어떤 경로를 거쳐 일어나든 관계없이 반응에 관여한 총 에너지는 보존된다는 법칙이다. 기체 상태의 수소와 산소가 반응하여 수증기 $H_2O(g)$가 될 때 방출하는 에너지는 57.8kcal(ΔH_1)이지만, 액체 상태인 물 $H_2O(l)$가 될 때는 68.3kcal(ΔH_2)이다. 여기서 10.5kcal의 에너지 차이는 물이 수증기로 변화할 때 필요한 열인 기화열 또는 증발열(ΔH_3) 때문이다. 이와 같이 기체 상태의 수소와 산소가 수증기를 만드는 데 드는 에너지나, 기체 상태의 수소와 산소가 액체 상태의 물을 만들고 난 후에 다시 수증기로 변화하여 최종적으로 같은 생성물에 도달하기만 한다면, 경로에 관계없이 반응에 따르는 총 열량은 변함이 없다.

다음 그림에서 +값의 **반응열** ΔH는 흡열반응으로 반응하는 데 열이 필요하다는 뜻이고 −값은 발열반응으로 반응 중 열을 방출한다는 의미로, $\Delta H_1 = \Delta H_2 + \Delta H_3$ 이다. 다음과 같이 반응들의 사이클을 그리면 반응열의 관계를 더 명확히 볼 수 있다. 이 법칙은 나중에 에너지 보존 법칙의 한 형태인 것이 알려져 **총열량 보존 법칙**이라고도 한다.

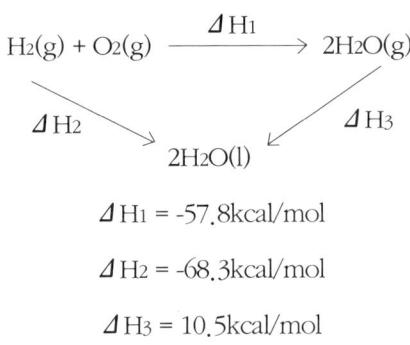

$\Delta H_1 = -57.8 \text{kcal/mol}$

$\Delta H_2 = -68.3 \text{kcal/mol}$

$\Delta H_3 = 10.5 \text{kcal/mol}$

이 법칙을 이용하면 실제 일어나지 않는 반응에 대해서도 그 반응에너지 또는 반응열이 얼마인지 계산할 수 있다. 또한 반응열을 직접 측정하는 것이 곤란한 경우라도, 다른 화학반응식의 조합을 이용하여 그 반응열을 산출할 수 있다. 예를 들어, 탄소C와 수소H의 반응에 의하여 메탄CH₄이 합성될 때의 반응열ΔH을 메탄의 표준생성엔탈피$\Delta H°$라 하는데, 이 값은 실험으로 직접 알아내기는 힘들기 때문에 헤스의 법칙을 이용하여 구할 수 있다.

반응열 화학반응에 수반하여 방출 또는 흡수되는 열량으로 반응물과 생성물의 에너지 차이를 말한다. 반응물의 에너지보다 생성물의 에너지가 높으면 반응열이 흡수되는 흡열반응을 하고, 반응물의 에너지보다 생성물의 에너지가 낮아지면 반응열이 방출되는 발열반응을 한다.
총열량 보존 법칙 화학반응에서 반응열은 그 반응의 시작과 끝 상태만으로 결정되며, 도중의 경로에는 관계하지 않는다는 법칙이다.

출발물질인 탄소와 수소가 반응하여 최종물질인 이산화탄소CO_2와 물H_2O이 되는 경로는 두 가지가 있다. 하나는 탄소가 산화ΔH_1하여 이산화탄소를 만들고, 또 수소가 산화ΔH_2하여 물을 만드는 과정이 함께 일어나는 경로이고, 다른 하나는 먼저 탄소와 수소가 메탄을 생성하고 $\Delta H°$ 계속해서 그 메탄이 다시 산화ΔH_3하여 최종 물질에 이르는 경로다. 헤스의 법칙은 출발물질과 최종물질만 같다면 어느 경로를 택하든, 거기에 드는 에너지는 같다고 했으므로 그 두 경로에 드는 각각의 에너지 ΔH_1와 ΔH_2의 합은 $\Delta H°+H_3$의 합과 같다. 그러므로 메탄이 생성되기 위한 반응열, $\Delta H°$는 $\Delta H_1+H_2-\Delta H_3$가 되고, ΔH_1, ΔH_2, ΔH_3는 실험으로 얻을 수 있으므로 $\Delta H°$도 알 수 있게 된다.

이와 같이 실험적으로 얻기 어려운 반응의 반응열을 헤스의 법칙을 이용하여 알아낼 수 있다.

앞에서 설명한 것들보다 한층 더 복잡한 단계를 거치는 반응들도 있다. 이때는 반응들이 그리는 사이클의 크기가 더 커지며, 이중 유명한 것이 알칼리 금속과 할로겐이 만드는 이온결합 화합물에 관련된 보른-하버Born-Haber 사이클이다. 이들 이온들이 만드는 격자구조 사이의 **격자에너지**lattice energy를 알아내는 데 이 법칙이 사용된다.

그러나 헤스의 법칙을 적용하는 것은 단순히 실험적으로 얻을 수 없는 반응에너지를 얻어낼 수 있기 때문이 아니라, 복잡한 단계 속에 포함된 반응 하나하나를 알게 됨으로써 격자에너지의 크기에 어떤 요인

격자에너지 결정격자를 이루고 있는 원자나 분자, 이온들을 무한대로 멀리 떨어뜨려놓기 위한 에너지를 말한다. 따라서 결정격자를 이루는 원자들 사이의 응집에너지와 같다.

이 중요하게 영향을 미치는지 알게 되기 때문이며 그래서 이 법칙이 더 큰 의미를 가진다.

이렇게 각 단계의 반응을 세세하게 알게 되면 기존에 가능하지 않다고 생각했던 반응을 가능한 것으로 이끌어낼 수도 있다. 실제로 여기서 얻은 값을 응용하여 불활성 기체인데도 그들의 음이온을 포함하는 네온화칼륨KNe, 네온화루비듐RbNe, 네온화세슘CsNe 같은 이온결합 화합물의 제조도 현실화할 수 있음을 짐작하게 되었다.[133]

과학계의 도약은 라이트 형제의 하늘 날기로부터 달나라 가기, 우주여행을 꿈꾸는 등 누군가가 불가능할 것 같은 일을 끊임없이 상상하는 것으로부터 시작되었다. 물론 이들의 상상이 헛되기만 한 것은 아닌 것으로 판명되었다. 그런데 이러한 상상은, 결과에 이르기까지의 과정에 들이는 노력을 즐기지 못하고 마지막 결과만 얻겠다는 사고를 가졌다면 아무리 좋은 머리에서라도 결코 나올 수 없었으리라. "천재는 노력하는 사람을 못 이기고 노력하는 사람은 즐기는 사람을 못 이긴다."는 말이 있듯이.

높고 험한 산으로 올라가는 일은 힘들지만, 정상에 빨리 오르겠다는 집착보다는 오르는 동안 만나게 되는 자연의 경이로움이나 사람들의 격려를 천천히 즐기는 마음의 여유를 가졌기에 다음에 또 오를 수 있었다는 등산 애호가들의 말도 그와 같은 맥락일 것이다. 도로 내려올 걸 왜 올라가느냐 하지만 과연 그럴까?

아마 우리의 생활에서도 어떤 목적지를 향해 갈 때, 승용차나 택시를 이용해서 쉽고 빨리 갈 수도 있고 대중교통을 이용해서 갈 수도 있다. 걸어갈 때도 평탄한 길을 따라 갈 수도 있고, 굽이진 길이나 산을 넘어 힘들게 갈 수도 있다. 짧은 시간 안에 편하게 갈지, 오랜 시간 동안 힘들게 갈지는 자신이 선택할 일이다. 또 같은 곳을 가더라도 품고 가는 마음이 다를 수 있다. 억지로 갈 것이냐, 즐겁게 갈 것이냐는 전적으로 자신에게 달렸다. 누군가는 인생을 가장 간단한 알파벳으로 표시하면 BCD라 했다. 출생Birth에서 죽음Death까지 끊임없는 선택Choice을 하며 살기 때문이라나.

모기 겐이치로茂木健一는 그의 저서 『욕망의 연금술사, 뇌』에서 클래식 애호가의 감동과 약물 중독자의 쾌락을 비교하였다.[134]

저자는 학생 시절 콘서트홀에서 바흐의 〈마태 수난곡〉 중에 '주여, 불쌍히 여기소서'라는 영혼을 울리는 유명한 아리아를 들었다. 예수는 베드로에게 "너는 오늘밤 닭이 세 번 울기 전에 세 번 나를 부인하리라." 하고 예언한다. 실제로 그런 일이 일어난 후 베드로는 자신의 나약함이 그런 결과를 낳았다고 눈물을 흘리며 후회한다.

자기 존재를 신 앞에 던지고 자비를 구하며 부르는 이 아리아의 선율에 저자는 깊은 감동을 받았다. 그는 이 감동을 황야의 동물들이 추위 속에서 길고 어두운 밤을 보내고 동쪽 하늘에서 태양이 뜨는 것을 보았을 때 느꼈을 감동과 동일한 것일 수도 있다고 생각했다. 바흐처럼 작곡을 하기 위해서는 천부적인 자질뿐 아니라 수련이 필요하고, 또 그 음악을 연주하는 사람이나 듣는 사람까지도 의지와 인내가 필요하며, 그런 귀찮은 과정을 거쳐야 비로소 감동에 도달할 수 있기 때문이다. 우리의 삶 속에도 이런 경험의 조각들이 있기에 고개가 끄덕여진다.

최근 놀랍게도 뇌의 활성을 사진 찍듯 알려주어 피험자의 생각이나 느낌을 보여주는 기계인 기능성 자기공명영상fMRI 장치를 활용한 연구를 통해, 음악을 듣고 감동을 느꼈을 때의 뇌 활동이 음식물 섭취 등 살아가기 위해서 기본적으로 필요한 것이 충족되었을 때의 뇌 활동과 기본적으로 동일하다는 것이 밝혀졌다. 심지어는 약물을 복용할 때도 뇌 속의 쾌락중추가 동일한 메커니즘으로 작용한다니 충격이 아닐 수 없다.

바흐는 각고의 노력 끝에 〈마태 수난곡〉을 작곡하지 않았어도 그와 동일한 쾌락에 이르는 길을 모르지 않았을 것이다. 그런데 왜 바흐를 비롯한 일부 사람들은 그런 복잡하고 먼 우회로를 선택할까? 저자는 이에 대해 그런 우회로가 없었다면 인류의 문화는 성립되지 않았을 것이라고 결론지었다.

우리 인생의 범위를 좀 더 크게 보면, 태어나는 출발점과 도착하여 죽음에 이르는 종착점까지 우리 모두에게 똑같이 하나의 일생이 주어지지만, 경로의 선택은 저마다 다르다. 누군가는 남보다 더 빨리 승진하고 돈도 더 많이 벌고 건강하고 세상이 참으로 불공평하다고 생각될 정도로 복이 많아 보인다. 부모로부터 많은 재산을 물려받은 사람들은 그들의 인생이 참 편해 보이기도 한다. 복권에 당첨된 사람은 또 얼마나 부러운가? 그러나 복권당첨은 의외로 비극의 시작인 경우가 많다고 미국의 한 신문에 보도된 적이 있다. 그들은 소송이나 친지들의 음해에 시달리기도 하고, 도박, 약물 등에 빠져 빈털터리가 되거나 자살하는 경우도 있다고 했다.

　누구나 빠른 길, 쉬운 길을 택하고 싶어한다. 물론 빠른 길을 선택해야 할 때가 많은 건 사실이다. 그런데 이렇게 쉽고 빠른 길을 가려는 경향은, 어떻게 죽음을 맞을 것인가보다는 어떻게 살 것인가에만 치중하기 때문에 나타나는 현상인지도 모른다. 사람들은 죽음이 끝이라는 생각에 죽음을 멀리하고만 싶어, 죽을 준비는 아예 자신과 관계없는 일로 치부한다. 그러나 죽을 준비를 잘하는 길이 잘 사는 길이라는 것을 작년 2월에 '아름다운 죽음'을 맞았던 김수환 추기경을 보며 더 깊이 느끼게 되었다.

　다음은 10여 년 전 '죽음과 죽음 준비'에 대한 김 추기경의 진솔한 고백이 담긴 평화신문의 기사를 발췌한 글이다. 아름다운 삶과 죽음을 준비하는 사람들에게 많은 용기와 희망을 준다.[135]

　죽음을 생각할 때 어쩔 수 없이 먼저 느끼는 것이 두려움이다. 나는 가끔 죽음과 마주 서 있는 환자를 방문하게 된다. 대부분 말할 수 없는 큰 고통과 함께 죽음에 대한 두려움을 호소할 때 그것이 조만간 나의 것이 되리라는 생각이 들면서 어떻게 대처하면 좋을지 모른다. 거기에다 한생을 살아오면서 이래저래 지은 죄도 많은지라 하느님 심판대에 나서기란 참으로 두렵고 떨리지 않을 수 없다.

　되도록이면 고통이 적고 편안한 마음으로 죽음을 맞이할 수 있다면 얼마나 좋겠는가 하고 생각하지만 마음대로 되는 것은 물론 아니다.

　핵심 문제는 죽음이 무엇인가 하는 것이다. 죽음은 생명의 끝인가, 아니면 저승 삶의 시작인가 하는 것이다. 여기에 대해 아무도 이렇다 저렇다 과학적

실증을 통한 답을 줄 수는 없다. 죽음 앞에서 인간 운명의 수수께끼는 절정에 달한다.

그러나 그리스도교를 비롯한 대부분의 종교는 죽음은 현세 삶의 끝일지언정 그것이 만사를 무無로 돌리는 종말이라고 보지 않는다. 특히 그리스도교는 죽음은 죽음이 아니요, 새로운 삶으로 옮아감이라고 한다. 이 믿음에 따르면 죽음은 우리를 죄와 이로 말미암은 온갖 고통과 불행, 인생의 질고로부터 해방시켜 복된 생명으로 옮겨다주는 것이다.

따라서 죽는다는 것은 우리가 이승에서 저승으로, 죽음에서 삶으로, 어둠에서 빛으로 '건너감'이다. 죽음에 대한 좋은 준비는 무엇보다도 주님이 우리를 한없는 사랑으로 사랑하셨음을 상기하면서 우리도 서로 사랑하는 것이다. 특히 가난한 이, 병든 이, 고통 속에 갇힌 이 등을 형제적 사랑으로 사랑하며 사는 것이다. 가난한 이웃을 자기 몸 같이 사랑하는 사람은 본인이 깨닫든 못 깨닫든 그리스도를 사랑하는 사람이다. 그리고 그는 죽은 다음 분명하게 영원한 생명을 얻을 것이다. 왜냐하면 보잘것없는 형제 하나를 사랑한 것이 당신을 사랑한 것과 같다고 하시면서 영원으로부터 마련하신 나라를 약속하셨기 때문이다. 결국 하느님 사랑을 믿고 이웃을 사랑하는 것이 가장 좋은 죽음 준비이다.

종교를 초월하여 수많은 사람들의 존경을 한몸에 받았던 김 추기경은 '좋은 마무리'라는 선종善終의 의미를 몸소 보여주면서 우리 사회에 아름다운 죽음이 무엇인가를 생각하게 해주었다. 그분은 최선을 다하여 일생을 살았고, 가진 것을 남김없이 다 주고 가겠다며 장기기증 서약까지 하였는데, 스스로 보인 모범은 그대로 모든 이의 가슴에 전달

되어 우리 범인들까지 저절로 따르고 싶어하는 손짓이 되었다.

오랜 세월 김 추기경을 옆에서 지켜본 이들은 김 추기경이 죽음을 친구처럼 여기며 지냈다고 입을 모은다. 그랬기에 죽음을 귀한 친구를 대하듯 정성껏 준비했으며, 좋은 죽음 준비는 "죽음이 새로운 삶의 시작임을 믿고, 서로 사랑하는 것"이라고 말한 것이다.

위의 글에 나온 것처럼 이웃을 사랑하는 길을 가는 것은 보람 있는 일이지만, 멀고 힘든 길이기에 느리게 갈 수밖에 없다. 쉽고 빠르게 달려가면 이웃을 사랑하기는커녕 볼 수도 없다. 그러나 느린 길을 가다 보면 달려갈 때는 볼 수 없는 것이 보인다. 그때 눈에 들어오는 것이 우리를 풍요롭게 만들어준다. 우리 주변에 힘들게 사는 이들의 눈물을 보게 되고, 작은 것에도 감사하는 마음을 보게 된다.

또 하루하루를 오늘이 나의 마지막 날이라 생각하고 죽음을 준비하며 살 때, 최선을 다하여 자신의 삶을 살게 되고 오늘 아니면 기회를 놓칠 수도 있다는 생각으로 이웃을 사랑하며 살게 될 것이다.

언젠가 우리가 거저 받은 행복이 얼마나 많은가에 대해서 어느 여의사의 강의를 들은 적이 있다. 정상적인 눈으로 볼 수 있고, 귀로 들을 수 있고, 입으로 말할 수 있는 가치, 장기에 병이 나지 않아 수억의 돈을 들여 이식을 받지 않아도 되는 사람들, 걸을 수 있어 가고 싶은 곳을 마음대로 갈 수 있고, 교육을 받을 수 있는 두뇌를 가진 것, 또 교육비를 대주고 나를 보호해주는 부모님이 계시다는 것, 이 모두를 한꺼번에 가지지 못했더라도, 그중 몇 가지만 가졌어도 얼마나 부자인가 하는 강의였다. 한마디로 가진 것이 너무 부족하다고 생각하는 사람들을 깨우쳐주는 강의였다.

그것은 가진 것이 많으면 많이 내놓아야 한다는 의미이기도 하다. 이 말은 꼭 재물만을 나누라는 뜻은 아닐 것이다. 살아가다 뜻하지 않게 말로 다 못할 억울한 고통을 만났을 때도, 나는 최선을 다했기에 아무 잘못이 없다고 한탄만 할 것이 아니라, 그 고통을 세상과 함께 짊어진다는 생각으로 묵묵히 견디는 것도 하나의 나눔이 아닐까?

자식들에게는 재물이 아니라 나눔의 정신을 물려주고, 힘든 이웃과 나누어야 그 의미가 더 빛날 것이다. 나도 더불어 산다는 것의 의미를 깨닫게 해주는, 가슴 훈훈해지는 이 길을 가고 싶다. 아무리 힘들더라도 꿋꿋이 견딜 힘이 내게 있었으면 좋겠다. 사회에서 누군가가 좋은 모범을 보이면 그 주위에 따르는 사람들이 줄을 이을 것이다. 실제로 김 추기경 이후에 사후 장기 기증을 서약하는 사람들이 끊이지 않고 있는 것을 보면 알 수 있다.

먼 길을 돌아올수록 자신의 영토가 넓어진다고 민병도 시인은 「동그라미」라는 시에서 노래하고 있다. 다시 채우기 위한 내 안의 빈들을 만나라고….[136]

사는 일 힘겨울 땐
동그라미를 그려보자
아직은 아무도 가지 않은 길이 있어
비워서 저를 채우는 빈들을 만날 것이다

못다 부른 노래도,
끓는 피도 재워야 하리

물소리에 길을 묻고
지는 꽃에 때를 물어
마침내 처음 그 자리
홀로 돌아오는 길

세상은 안과 밖으로 제 몸을 나누지만
먼 길을 돌아올수록 넓어지는 영토여,
사는 일 힘에 부치면
낯선 길을 떠나보자

Entropy

_ 엔트로피의 고전 열역학적 정의는 일로 변환할 수 없는
에너지의 양을 나타내고, 통계 열역학적 정의는
열역학적 계의 통계적인 '무질서도'를 나타낸다

> 과학의 기능이란 자연에 존재하는 질서의 일반적인 영역을 발견하고, 이 질서를 이루는 원인이 무엇인지를 알아내는 일이다.
> —멘델레예프

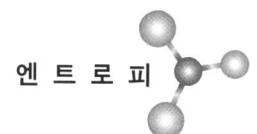

엔 트 로 피

신뢰와 협동이야말로
사회에 에너지를 주고
질서를 가져와
엔트로피를 감소시킨다

열역학 제1법칙은 우주 에너지의 총량이 보존된다는 것으로, 화학반응이나 물리적인 변화에서 에너지가 그 형태는 바뀌어도 창조나 소멸되지는 않는다고 하였다. 그렇다면 에너지는 계속 사용하더라도 줄어들지 않으니, 영원히 에너지 걱정을 하지 않아도 될 것이다. 과연 그럴까? 예를 들어 난방을 하기 위해 석유를 태우면 같은 양의 에너지를 가진 열과 탄산가스나 수증기 등의 기체로 변하여 날아가기 때문에, 에너지의 손실은 없더라도 그들을 다시 모아 사람이 쓸 수 있는 석유로 다시 만들 수는 없게 된다. 또한 산산조각이 난 그릇은 그 조각이 저절로 합쳐져서 그 형태를 되찾을 수 없다.

이와 같이 에너지와 물질의 형태 변화는 한 방향으로만 자발적spontaneous으로 일어난다. 물질세계의 이러한 현상을 설명하기 위한 것이 열역학 제2법칙인 엔트로피 법칙이다. 한 방향으로만 일어나기 때문에 에너지는 사용할 수 있는 형태에서 점점 사용할 수 없는 형태로 변화하며 질서가 있는 상태에서 질서가 없는 상태로 변화한다. 여기서 엔트로피s의 고전 열역학적 정의는 일로 변환할 수 없는 에너지의 양을 나타내고, 통계 열역학적 정의는 열역학적 계의 통계적인 '무질서도' 를 나타낸다고 볼 수 있다.[137] 따라서 엔트로피의 증가는 사용 가능한 에너지의 감소를 뜻하며 무질서도의 증가를 의미한다.

그러므로 우주의 엔트로피는 항상 증가한다. 엔트로피가 최대 수준에 이르면 열평형 상태가 되어 에너지가 이동하지 않는다. 따라서 지나친 표현이지만, 에너지를 보충해주지 않는 한 우주의 종말이 오게 된다는 두려운 사실도 엔트로피의 법칙 속에 포함되어 있다.

그러면 화학반응에서는 어떠한 경우에 자발적으로 일어나는가?

열역학적으로 생성물 군이 반응물 군보다 안정하면 그 반응은 생성물이 생기는 방향으로 자발적으로 진행된다고 할 수 있다. 자발적 반응이란 외부의 어떤 자극이 없어도 자연스럽게 일어나는 것으로 반응속도와는 무관하다. 즉 무한의 세월을 두고 일어나더라도 저절로 일어나기만 한다면 그 반응은 자발적 반응이라 말할 수 있다.

대체로 반응의 과정에서 열이 방출되는 발열반응은 자발적으로 일어난다고 볼 수 있다. 그러나 항상 그런 것은 아니다. 물이 어는 과정에서는 열을 내놓지만, 외부의 온도가 0°C 이하라는 조건을 주어야 하므로 그 이상의 온도에서는 비자발적이다. 반대로 흡열반응의 경우는 어떤가? 열을 가해주어야 하는 경우는 비자발적이기 쉽다. 그러나 질산암모늄NH_4NO_3이 물에 용해되는 과정은 주위로부터 열을 흡수하여 그 용기가 차갑게 되는 흡열과정이면서도 자발적으로 일어난다. 이 과정이 자발적이 될 수 있는 것은 질산암모늄이 물에 용해되면 암모늄이온 NH_4^+과 질산이온NO_3^-으로 해리되어 1몰의 질산암모늄이 이온 2몰이 되면서 무질서도가 증가하게 되기 때문에 흡열반응의 비자발적 효과를 능가한다.

그러므로 반응이 자발적으로 일어나는 데는 반응에너지와 엔트로피라는 두 가지 요인이 함께 작용한다. 반응이 자발적인지 비자발적인지를 나타내는 상태함수가 있는데, 이를 **깁스의 자유에너지**Gibb's free energy, G라 하며 일정한 온도와 압력을 유지하는 계에서 일로 변환될 수 있는 열역학적 에너지를 뜻한다.[138] 일정한 압력하에서 이 자유에너지 변화가 0보다 작을 때, 즉 $\Delta G < 0$일 때 저절로 일어난다.[139]

$$\Delta G = \Delta H - T\Delta S < 0$$

$\Delta G < 0$가 되려면, 발열반응$\Delta H<0$이고 엔트로피가 증가$\Delta S>0$하면 0보다 작아지게 된다. 그러나 질산암모늄의 용해과정의 경우는 흡열반응$\Delta H>0$이어서 저절로 일어날 것 같이 보이지는 않았으나 용해되었을 때 몰수가 증가함으로써 엔트로피가 증가$\Delta S>0$하였기 때문에 저절로 용해되었다. 이렇게 때로는 반응에너지와 엔트로피가 같은 방향으로 작용할 때도 있고 다를 때도 있다.

엔트로피가 증가하면 반응이 저절로 일어나려 한다는 점을 이용하

깁스의 자유에너지 일정한 온도와 압력을 유지하는 계에서 일로 변환될 수 있는 열역학적 에너지를 뜻한다.

여 어떤 특정한 화합물의 합성에 이용할 수 있다. 즉, 전이금속 화학과 관련하여 '엔트로피 효과'라는 것이 있다.[140] 전이금속에 배위하는 리간드는 한 자리로 배위하는 것도 있지만 여러 자리를 한꺼번에 차지하는 리간드도 있다. 그러한 리간드를 킬레이트chelate 리간드라 한다. 킬라chela-는 그리스어의 집게에서 온 말로 집게로 집듯, 한 번에 여러 자리를 차지하며 금속을 붙잡고 있다고 해서 킬레이트 리간드라 한다. 한 자리 리간드를 킬레이트 리간드로 치환하는 반응은 저절로 일어나는데 이를 엔트로피 증가 현상으로 설명할 수 있다.

예를 들면 착이온 $[Ni(NH_3)_6]^{2+}$는 6개의 암모니아 리간드:NH_3가 니켈Ni에 배위결합하여 정팔면체 구조를 이루고 있다. 이 암모니아 리간드를 두 자리 리간드인 에틸렌디아민en으로 치환하면 3개만 결합해도 같은 구조의 $[Ni(en)_3]^{2+}$ 이온을 만들 수 있다. 에틸렌디아민은 양쪽 끝에 있는 2개의 질소에 고립전자쌍이 있어 한꺼번에 두 자리로 배위가 가능하기 때문이다. 그러므로 1몰의 $[Ni(NH_3)_6]^{2+}$ 이온과 3몰의 에틸렌디아민이 반응하면 1몰의 $[Ni(en)_3]^{2+}$ 이온이 생기고 6몰의 암모니아가 니켈에서 빠져나오게 된다. 즉 반응물의 전체 몰수는 합쳐서 4몰인데 반해 생성물 쪽은 7몰로 늘어난다. 분자나 이온의 몰수가 증가하면 무질서도가 증가하므로 반응은 생성물이 생기는 방향으로 진행될 것이다. 이렇게 킬레이트 리간드를 포함하는 화합물을 만드는 반응은 자발적으로 일어나게 되어서, 이를 **킬레이트 효과**chelate effect 또는 엔트로피 효

킬레이트 효과 금속이온에 다배위자가 배위하면 단순배위자가 배위하였을 때보다 그 안정도가 증가하게 되는 것이다.

과라고 한다.

이러한 엔트로피 효과로 인해 킬레이트 리간드는 화합물의 합성뿐 아니라 인체에 해를 끼치는 중금속의 해독제로도 사용된다.

일반적으로 중금속 이온은 인체의 화합물들과 배위결합을 형성함으로써 정작 인체가 필요로 하는 화학작용을 방해하게 되어 독성을 띤다. 그 중에서도 제1차 세계대전 당시에 독일군이 사용했고 또 우리나라에서도 예전에 궁중에서 독살하는 데 주로 사용했던 비소 As는 중금속 중에서 인체에 미치는 독성이 매우 강한 것으로 알려져 있다.[141]

비소 화합물은 인체에 들어가면 근육조직 세포의 글루타싸이온의 설프히드릴 -SH기와 강한 결합을 함으로써 적혈구를 보호하는 기능을 마비시키기 때문에 강한 독성을 나타내는 것으로 알려져 있다. 이러한 비소의 독성 메커니즘을 이용하여 두 개의 설프히드릴 기를 포함하는 BAL British Anti-Lewisit가 해독제로 개발되었다. 글루타싸이온에 있는 한 개의 설프히드릴 기보다 두 자리를 한꺼번에 차지할 수 있는 BAL이 비소 이온과 강하게 킬레이트를 형성하기 때문이다. 현재도 비소는 물론이고 수은, 코발트, 니켈, 안티몬 및 금 등 여러 가지 중금속의 해독제로 응급실에서 널리 사용되고 있다. 중금속과 결합한 BAL은 신장을 통하여 요 尿로 배설된다. 또 다른 해독제로는 한 번에 여섯 자리를 차지하는 Varsene이 있으며 중금속 중에서 특히 납을 해독시킨다.[142]

요즈음은 안티에이징 anti-aging 관리를 위해 '킬레이션 요법'을 사용한다.[143] 중금속이 체내에 축적되면 노화를 촉진하기 때문에 이 방법을 이용하여 중금속을 배출하게 되면 몸 전체가 젊어지고 따라서 피부의 탄력이 생겨 젊어 보이게 된다고 한다. 현대 사회에서는 얼마나 젊어 보이느냐가 사회적 위치를 말한다고 할 정도로 모든 사람들은 자기 나이보다 젊어 보이려 노력하고 있으니 우리는 엔트로피 효과를 매우 유용하고 광범위하게 누리고 있는 셈이다.

엔트로피라는 용어는 클라우지우스가 그의 논문 「열의 역학적 이론」에서 energy와 고대 그리스어인 tropy(변형)라는 단어를 합하여 엔트로피라 명명한 이후 에너지와 관계있는 과학 개념으로 확립되어왔다. 그러나 엔트로피는 '발전이란 더 많은 물질적 풍요를 누리는 것이고, 과학과 기술의 발달로 세계는 더욱 질서 있게 될 것'이라는 근대 과학의 기조와는 다른 방향으로 향한다는 문제점을 안고 있어 과학 이외에 인문, 사회학 등의 영역에서도 많이 다루게 되었다.[144] 앞에서 설명한 긍정적인 엔트로피 효과의 반대편에, 엔트로피의 계속적인 증가로 인해 인간 생활에 가져오는 부정적인 영향이 너무 커서 이를 막으려는 노력을 기울이지 않는다면 인간은 스스로 우주의 종말을 재촉하게 될 것이라고 경고하는 주장이 대두되었다는 의미다. 즉, 엔트로피 개념으로 근대 물질문명이나 과학기술의 한계 및 생태계의 위기 등을 비판하고 있는 것이다.

제러미 리프킨Jeremy Rifkin은 그의 저서 『엔트로피』에서 현대의 물질만능주의를 비판하며 다음과 같이 경고했다.[145] 우리 사회에서 유용한 에너지는 감소하고 '사용 불가능한 에너지'가 증가한다. 우리가 발전이라는 미명하에 에너지와 물질을 계속 사용하게 되면, 종국에는 에너지를 더 이상 사용할 수 없게 되는 '열 종말heat death'과 사용할 물질이 더 이상 존재하지 않는 '물질 혼돈'에 이르게 될 것이다. 그러므로 물질만능주의나 기계적 세계관에서 벗어날 것을 강조하고, 엔트로피를 감소시키려는 노력을 해야 한다고 주장하였다. 그의 주장은 실제로 과학이 이룬 업적보다는 과학 발전이 가져온 폐해를 지나치게 강조했고, 자연현상이 자발적으로 일어나는 데 에너지의 영향은 무시하고 엔트로피의 영향만을 지나치게 중시하여, 이로 인해 우주의 종말을 맞게 되리라고 비관적으로 확대 해석한 점이 없지 않다. 그러나 현재와 같이 폭발적인 인구의 증가, 환경오염, 도덕적 타락 등으로 인해 생태계의 조화가 무너지고 무질서가 횡행하며 산업적 재생 능력에 한계가 오는 것을 고려한다면, 경제적 생산과 사회적 소비를 절제하는 방식으로의 전환이 이루어져야 한다는 그의 말에는 귀를 기울여야 할 필요가 있다.

과연 엔트로피의 감소는 불가능한가?

미국의 유명한 화학자 아이작 아지모프 Isaac Asimov는 『최후의 질문』[146]이라는 단편소설에서 스스로 수리하고 관리하는 멀티백 multivac이라는 컴퓨터에게 "어떻게 하면 우주 전체의 엔트로피 총량이 대량으로 감소될 수 있을까?"라는 질문을 던진다. 지구상의 에너지를 다 소모하고 나서 다른 행성의 에너지를 공급받고, 인간이 그곳 우주선의 거주 지역에 살 수 있는 방법까지도 컴퓨터가 다 해결해줄 수 있었지만, 이 질문에는 늘 "자료 부족으로 대답이 불가능함"이라는 답만 돌아올 뿐이었다. 수없이 많은 별들이 죽어가고 인간은 또 다른 은하계에서 빌려온 에너지까지 몇 조년의 세월에 걸쳐 소모해가는 동안, 컴퓨터는 초공간 超空間에서 우주 AC(자동 컴퓨터), 코스믹 AC 등으로 자동적 업그레이드가 되면서 살아남아 같은 질문에 늘 불가능하다는 대답을 한다. 이제 우주는 시간이 흘러 10조년에 걸친 멸망과정을 거치면서, 인간은 육체를 벗어난 정신만이 행성의 표면에서 헤매다가 마지막 정신마저 사라져갔고, 절대 영도를 향하여 치닫고 있는 우주에 AC만이 최후의 질문에 대답하기 위해 남아 있었다. 무한한 시간을 소모하며 수많은 정보를 수집하고 그들 사이의 관계를 조사했던 AC는 마침내 엔트로피를 역전시킬 수 있는 방법을 찾아낸 것이다. 그리고 말한다. "빛이 있으라." (창세기 1장 3절) 그렇게 우주는 다시 창조되고 또다시 10조년의 세월을 거쳐 멸망한 후, 창조를 반복한다는 내용이다.

아지모프는 여기서 직선적인 역사관을 순환적인 역사관으로 뒤집는 대 반전을 보여주면서 완전한 종말이 아니라 새로운 출발을 제시하고 있다. 사실 우주가 모든 에너지를 소모하고 절대 영도가 되면 엔트로피도 0이 됨을 의미하니 엔트로피가 극적으로 감소하게 되는 방법이 바로 우주 전체의 멸망이었고, 그때 빛이 나와 무$_無$에서부터 다시 창조가 시작된다는 그의 이야기는 기독교의 '죽어야 산다.' 는 부활을 떠올리게 한다.

요즈음 들어 고대 마야 달력이 끝나 있고, 거대한 행성과 지구가 충돌하리라는 주장과 함께 또 다른 여러 가지 이유로 2012년에 지구가 멸망하리라는 이야기가 퍼져가고 있다.[147] 실제로 이에 대한 문제를 상상하여 〈2012〉라는 영화까지 나왔다. 그렇게 빨리 멸망한다면 엔트로피 증가에 대한 두려움도, 감소시키려는 노력도 기울일 필요가 없겠지만, 지난 1999년의 종말론이 우습게 끝나버린 것과 마찬가지로 이번의 종말론도 과학적인 근거가 없어 우리의 일상은 여전히 계속될 것이다.

물론 여기서 획기적인 엔트로피 저감 방법을 제시할 수는 없지만, 많은 문제를 안고 현대를 살아가는 우리는, 이제 엔트로피의 법칙이 가르치는 바를 겸허히 받아들여 에너지를 창출하거나 재생하는 동시에 엔트로피의 증가 속도를 늦추는 데 노력을 보태야 할 것이다.

현재 과학자들은 이상기후로 인한 재해와 손실을 피하기 위해 우주 밖으로 거대한 거울을 쏘아올려 지구로 쏟아져오는 태양빛을 우주에서 쫓아버리거나, 아예 이 에너지를 모아 지구로 보내 에너지원으로 쓰는 방법까지 연구하고 있다. 수소 연료 전지 차의 실용화, 쓰레기에서 연료를 재생시키는 기술개발 등 산업이 고도로 발달한 국가에서는 에너지를 재생하고 환경오염을 저감시키는 기술을 연구함으로써 도리어 환경오염이 감소하게 되었는데, 이는 오염을 일으킨 주범이 다시 오염을 저감시키는 역할을 하고 있다는 의미다. 이렇게 과학은 에너지를 재생, 창출하기도 하고 엔트로피를 줄이는 데 총력을 기울이고 있다.

한편, 엔트로피를 줄이는 데 과학만이 기여해야 하는가? 문용린 교수는 여성신문의 칼럼에서 도덕이 사회진화의 진정한 힘이 된다고 하였다.[148] 경쟁과 적자생존의 원리보다는 사회 구성원 사이의 신뢰와 협동이 사회적 자본이라고 했다. 도덕적 무대에서의 경쟁과 적자생존의 원리, 즉 신뢰와 협동이야말로 사회에 에너지를 주고 질서를 가져와 엔트로피를 감소시키는 효과를 얻을 수 있다는 의미일 것이다.

그러고 보니 몇 년 전 혼자서 어느 성지聖地를 찾았을 때가 생각난다. 그곳에 도착해서 제일 처음 눈에 들어온 사람은 작은 키에 깡마르고 얼굴이 일그러진 데다 다리가 불편하여 걸음을 제대로 걷지 못하는 젊

은 남자 장애인이었다. 순간 움찔하며 거부감과 함께 섬뜩함마저 느껴져 그 사람과 오늘 다시 마주치지 않았으면 좋겠다고 생각하였다. 마음의 엔트로피가 증가한 순간이었다. 두어 시간 정도 생각을 정리하면서 성지를 돌아본 후 집으로 돌아가려 할 때였다. 경사진 언덕을 위험스럽게 내려오고 있는 그 사람과 그만 눈이 마주치고 말았다. 얼른 얼굴을 돌리려 했으나 그럴 수가 없었다. 그가 더욱 일그러진 표정으로 웃으며 다가왔는데 거기엔 나밖에 없었기 때문이다. 당황해서 어쩔 줄 몰랐지만, 나는 얼떨결에 그만 그를 향해 "조심해서 내려오세요!"라고 소리치고 말았다. 그랬더니 반갑다며 나를 향해 더욱 서둘러 오는 것이 아닌가. 그제야 처음에 당황했던 나의 편견이 부끄럽다는 생각이 들었다.

지금은 거의 다 나았지만, 사실 나도 전에 허리디스크 수술을 받고도 그 후유증이 커서 1년 가까이 누워 있어야 했다. 병상에서 일어난 후에도 지팡이를 꽤 오랜 기간 짚고 다녔기에 나를 장애인으로 보는 다른 사람의 눈길을 힘들어 했던 적이 있다. 그러니 그날의 나의 태도는 말도 안 되는 것이었다. 내 속마음을 들키기라도 한 것 같아서 미안함이 담긴 어조로 그에게 어디로 가느냐고 물었다. 꽤 멀리 떨어져 있는 전철역까지 간다고 했다. 그의 걸음걸이로 간다는 게 얼마나 힘이 들지는 나도 충분히 알기에 내 차로 데려다주겠다고 했더니, 이번에는 그가 도리어 뜻밖이라는 표정을 지으며 따라왔다. 그러는 동안 그는 자신의 이야기를 하기 시작했다.

자기를 돌보아주는 가족은 아무도 없고 오랜 기간 노숙도 하다가 그곳 성지 신부님의 도움으로 어느 복지시설로 가게 되었다고. 자기는 이상한 사람이 아닌데도, 가는 곳마다 사람들이 자기를 피하고 심지어는 가까이 오지 말라고 쫓아버리기까지 해서 늘 슬펐다고 눈물까지 글썽이면서 나의 행동에 너무도 고마워하였다. '아, 이건 아닌데' 하며 내 얼굴이 뜨듯해지는 사이, 그는 거기서 그치지 않고 차에서 내리기 전에 내 손을 좀 잡아도 되느냐고 물었다. 못한다고 하면 그가 무시당했다고 생각할까봐 머뭇거리며 손을 내밀었더니, 자기 입을 갖다대고는 "제가 오늘 성모님을 만났어요. 제가 평생 기도해드릴게요." 하는 게 아닌가. 그 조그만 친절, 그것도 마지못해 나누어준 조각보 친절이었는데 내가 갑자기 발끝은커녕 가까이 가지도 못할 분에게 비유되다니…. 버림받아 얼마나 외로웠으면 그랬을까. 더욱 안쓰러워져서 맛있는 것이라도 사 먹으라며 얼마를 주어 보냈다. 그때 갑자기 내 안에서 뜨거운 어떤 힘이 올라오는 것을 느꼈다.

울적하고 기운 없어 찾았던 성지였는데 돌아올 때는 그 마음을 다 날리고도 남을 에너지를 그에게서 받아가지고 오게 된 것이다. 또한 처음에 복잡했던 마음의 엔트로피가 급격히 감소했음도 물론이다. 한편으론 기왕에 도움을 줄 거였으면 억지로가 아니라 자발적으로 주었어야 했다는 아쉬움이 남았다. 또한 그 일로 그가 받은 것보다는 내가 얻은 에너지가 훨씬 더 많았음도 고백한다. 서로간에 주고받은 마음으로 인해 내 안에서 일어난 엔트로피의 감소는 우주의 엔트로피 감소에 조금이라도 기여를 한 걸까?

| 참고문헌 |

1. 빌 브라이슨 저/ 이덕환 역, 『거의 모든 것의 역사』, 까치글방, 제9장 (2003).
2. http://ko.wikipedia.org/wiki/%ED%83%88%EB%A0%88%EC%8A%A4
3. http://map.encyber.com/search_w/ctdetail.php?masterno=817400&contentno=817400
4. http://ko.wikipedia.org/wiki/%EB%8D%B0%EB%AA%A8%ED%81%AC%EB%A6%AC%ED%86%A0%EC%8A%A4
5. http://ko.wikipedia.org/wiki/%EC%9B%90%EC%9E%90%EC%84%A4
6. 김희준 외, 『생명의 화학, 삶의 화학』, 자유아카데미, 1장 및 2장(2009).
7. http://ko.wikipedia.org/wiki/%EC%BF%BC%ED%81%AC
8. http://ko.wikipedia.org/wiki/%EC%95%84%EB%9E%98_%EC%BF%BC%ED%81%AC
9. http://ko.wikipedia.org/wiki/%EC%A1%B0%EC%A7%80%ED%94%84_%EC%A1%B4_%ED%86%B0%EC%8A%A8
10. http://www.postech.ac.kr/press/mss/c9/c9s4fra.html
11. http://user.chollian.net/~ahnsi/w/a3.html
12. http://blog.naver.com/will84/150019483966: 원자설의 역사
13. 진희숙, 『모나리자, 모차르트를 만나다』, 세종서적, 패러디, 그 유쾌한 반전 (2008).
14. http://ko.wikipedia.org/wiki/%ED%99%94%ED%95%99_%EC%9B%90%EC%86%8C
15. 빌 브라이슨 저/ 이덕환 역, 『거의 모든 것의 역사』, 까치글방, 제7장 (2003).
16. http://www.encyber.com/search_w/ctdetail.php?masterno=63238&contentno=63238

17. Shriver & Atkins, 강성권 외 번역, 1장 『무기화학』, 4/e Oxford, 교보문고 (2006/2007).
18. http://ko.wikipedia.org/wiki/%EB%B9%84%ED%99%9C%EC%84%B1_%EA%B8%B0%EC%B2%B4
19. http://ko.wikipedia.org/wiki/%EC%98%A5%ED%85%9F_%EA%B7%9C%EC%B9%99
20. http://ko.wikipedia.org/wiki/%ED%97%AC%EB%A5%A8
21. http://ko.wikipedia.org/wiki/%EB%84%A4%EC%98%A8#.EC.9A.A9.EB.8F.84
22. http://ko.wikipedia.org/wiki/%EC%95%84%EB%A5%B4%EA%B3%A4#.EA.B3.B5.EC.97.85.EC.A0.81_.EC.9D.B4.EC.9A.A9
23. http://www.encyber.com/search_w/ctdetail.php?masterno=127271&contentno=127271
24. http://plasma.kisti.re.kr/webs/intro/plasma_is.jsp
25. http://ettp.inha.ac.kr/ettp4_1.html
26. http://ko.wikipedia.org/wiki/%EB%B0%B4_%EC%95%A8%EB%9F%B0%EB%8C%80
27. http://ko.wikipedia.org/wiki/%ED%95%B5%EC%9C%B5%ED%95%A9
28. http://www.encyber.com/search_w/ctdetail.php?gs=ws&gd=&cd=&q=&p=&masterno=188118&contentno=770795
29. http://www.encyber.com/search_w/ctdetail.php?masterno=829775&contentno=829775
30. http://www.dt.co.kr/contents.html?article_no=2010011402011857650002
31. http://news.chosun.com/site/data/html_dir/2009/04/16/2009041600293.html?srchCol=news&srchUrl=news4

32. http://www.ablenews.co.kr/News/NewsContent.aspx?CategoryCode=0033&NewsCode=003320090903113304170625
33. http://news.chosun.com/site/data/html_dir/2009/01/21/2009012102280.html?srchCol=news&srchUrl=news1
34. http://blog.chosun.com/blog.log.view.screen?blogId=9667&logId=4562425
35. 빅터 프랭클 저/ 이시형역, 『죽음의 수용소에서』, 청아출판사 (2005).
36. 정채봉, 『처음의 마음으로 돌아가라』, 샘터 (2008).
37. http://ko.wikipedia.org/wiki/%EB%8F%99%EC%86%8C%EC%B2%B4
38. J. E. House. chapter 13 『Inorganic Chemistry』, Academic Press (2008).
39. http://jisiks.com/10026363077
40. http://www.worldlingo.com/ma/enwiki/ko/Allotropes_of_carbon/5
41. http://mybox.happycampus.com/ky292513/2112923
42. http://gifted.ulsan.ac.kr/board/zboard.php?id=tutorial&page=1&sn1=&divpage=1&sn=off&ss=on&sc=on&select_arrange=headnum&desc=asc&no=91 이휘건, 「3차원에서 0차원 탄소화합물까지」.
43. http://cs.sungshin.ac.kr/~hkim/cgi-bin/technote/main.cgi?board=ai2000&number=299&view=3&howmanytext=: 최소형 탄소 나노튜브트랜지스터 제작
44. 임지순 교수 외, *Science* 21, April 2000, 288 494-497: 십자형 나노튜브 접합 (Crossed Nanotube Junctions)에 관한 논문
45. http://www.nature.com/nsu/040322/040322-5.html: 나노폼
46. http://www.storysearch.co.kr/story?at=view&azi=74885: 론채니
47. http://bibliotherapy.pe.kr/jboard/?p=detail&code=bookshelf0&id=133&page=1: 링컨 두 얼굴
48. http://ko.wikipedia.org/wiki/%EC%98%A4%EC%A1%B4%EC%B8%B5: 오존층과

그 근원

49. http://222.113.29.110/~air/gw/pollutant/html/pollutant_o3.php: 오존이 인체에 미치는 영향

50. http://www.mydaily.co.kr/news/read.html?newsid=200806100855556351: 오존이 인체에 해를 미치는 메커니즘

51. http://www.medical-tribune.co.kr/news/articleView.html?idxno=27246: 오존 신체 방어기구 장애 유발

52. kids.daum.net/study/do/popup/hmdownload?id=7551: 오존층 파괴와 그 위험성

53. http://www.encyber.com/search_w/ctdetail.php?masterno=707225&contentno=707225: 오존층 파괴물질

54. http://enc.daum.net/dic100/contents.do?query1=11XXX13103: 오존파괴지수

55. www.dbefire.com/inc/download.asp?filesave=20081217232.sfile…: 이너젠

56. http://www.hogusil.com/green/gre3/dae3/d3a14.htm: 오존층 파괴물질 대체기술

57. http://www.kcsnet.or.kr/main/k_meet/k_poem_02_view_pop.htm?uid=50 대한 화학회 시화

58. http://ko.wikipedia.org/wiki/%EA%B8%88%EC%86%8D_%EA%B2%B0%ED%95%A9

59. 김희준 외, 『생명의 화학, 삶의 화학』 6장 화학결합의 원리와 분자구조, 자유아카데미 (2009)

60. http://ko.wikipedia.org/wiki/%EA%B3%B5%EC%9C%A0%EA%B2%B0%ED%95%A9

61. http://www.encyber.com/search_w/ctdetail.php?masterno=13323&contentno=13323

62. http://www.encyber.com/search_w/ctdetail.php?masterno=128038&contentno=128038
63. http://www.encyber.com/search_w/ctdetail.php?masterno=844141&contentno=844141
64. http://ko.wikipedia.org/wiki/%EB%B0%B0%EC%9C%84_%EA%B2%B0%ED%95%A9
65. http://ko.wikipedia.org/wiki/%EC%9D%B4%EC%98%A8_%EA%B2%B0%ED%95%A9
66. http://ko.wikipedia.org/wiki/%EC%A0%84%EA%B8%B0_%EC%9D%8C%EC%84%B1%EB%8F%84
67. http://ko.wikipedia.org/wiki/%EC%9A%A9%EC%95%A1
68. 전창림, 『미술관에 간 화학자』, 랜덤하우스코리아 (2007).
69. 김희준 외, 『생명의 화학, 삶의 화학』, 7장 물질의 상태와 성질, 자유아카데미 (2009).
70. http://ko.wikipedia.org/wiki/%EC%88%98%EC%86%8C_%EA%B2%B0%ED%95%A9
71. http://ko.wikipedia.org/wiki/%EB%B0%98%EB%8D%B0%EB%A5%B4%EB%B0%9C%EC%8A%A4_%ED%9E%98
72. http://cafe.daum.net/junoluv/Z6HZ/439: 유유상종
73. http://blog.daum.net/jewel1962/15856545: 인간관계
74. http://blog.daum.net/ksc8527/13390216: 기도하는 손
75. http://news.hankooki.com/lpage/society/200901/h2009011603053874990.htm: 한국일보 강원도 메탄가스
76. http://ko.wikipedia.org/wiki/%ED%98%BC%EC%84%B1_%EC%98%A4%EB%

B9%84%ED%83%88: 혼성 오비탈

77. L. Pauling, J. Am. Chem. Soc. 53 (1931), 1367 : 혼성 오비탈

78. http://madang.ajou.ac.kr/~ydpark/chemstory/pauling.html

79. http://ko.wikipedia.org/wiki/%EB%A9%9C%EB%9D%BC%EB%AF%BC

80. http://www.chosun.com/site/data/html_dir/2010/02/05/2010020501043.html

81. http://www.dt.co.kr/contents.html?article_no=2009040902011357650002

82. 데이비드 G. 마이어스 저/ 이주영 역, 『직관의 두 얼굴』, 궁리(2008).

83. http://ko.wikipedia.org/wiki/%EC%9B%90%EC%9E%90%EA%B0%80%EA%BB%8D%EC%A7%88_%EC%A0%84%EC%9E%90%EC%8C%8D_%EB%B0%98%EB%B0%9C_%EC%9D%B4%EB%A1%A0

84. Shriver & Atkins저/ 강성권 외 번역, 2장 『무기화학』 4/e Oxford, 교보문고 (2006/2007).

85. http://ko.wikipedia.org/wiki/%EC%A0%84%EC%9D%B4_%EA%B8%88%EC%86%8D

86. Shriver & Atkins저/ 강성권 외 번역, 18장 『무기화학』 4/e Oxford, 교보문고 (2006/2007).

87. http://ko.wikipedia.org/wiki/%EB%A6%AC%EA%B0%84%EB%93%9C

88. Shriver & Atkins저/ 강성권 외 번역, 19장 『무기화학』 4/e Oxford, 교보문고 (2006/2007).

89. J. R. Bowser, Chapter 16 *Inorganic Chemistry* Brooks/Cole Publishing Company(1993).

90. J. R. Bowser, Chapter 10 *Inorganic Chemistry* Brooks/Cole Publishing Company(1993).

91. http://nurisaem.or.kr/bbs/view.php?id=sub0503&no=110

92. http://www.newscience.co.kr/sub/01_08_26.php : 좌뇌와 우뇌

93. http://ko.wikipedia.org/wiki/%EC%96%91%EC%AA%BD%EC%84%B1

94. http://ko.wikipedia.org/wiki/%ED%8E%A9%ED%83%80%EC%9D%B4%EB%93%9C_%EA%B2%B0%ED%95%A9

95. http://ko.wikipedia.org/wiki/%EB%8B%A8%EB%B0%B1%EC%A7%88

96. http://www.talmo.com/home/bbs/tb.php/surfinform/558

97. J. R. Bowser, p.505 『Inorganic Chemistry』 Brooks/Cole Publishing Company (1993).

98. http://ask.nate.com/qna/view.html?n=9127044

99. 로버트 스티븐슨, 『지킬박사와 하이드』, 삼성출판사 (2003).

100. 나카타니 아키히로 저/ 이선희 역, 『40대에 하지 않으면 안 될 50가지』, 바움 (2005).

101. 맥스 비어봄 저/ 류건 역, 『행복한 위선자』, 바람 (2007).

102. http://www.encyber.com/search_w/ctdetail.php?masterno=181937&contentno=181937

103. http://ko.wikipedia.org/wiki/%ED%97%A4%EB%AA%A8%EA%B8%80%EB%A1%9C%EB%B9%88

104. http://kr.ks.yahoo.com/service/ques_reply/ques_view.html?dnum=LAB&qnum=254540&start=1575

105. J. E. House, Chapter 22 *Inorganic Chemistry* Academic Press (2008).

106. http://kr.ks.yahoo.com/service/wiki/wiki_view.html?word=%C6%DB%B7%E7%C3%F7

107. J. R. Bowser, p.757 *Inorganic Chemistry* Brooks/Cole Publishing Company (1993).

108. http://mybox.happycampus.com/lionmun2/3560450

109. http://kr.blog.yahoo.com/hoyo423/3535

110. 이 그림이 푸에르토리코 독립전쟁과 관련되고 푸에르토리코 국립미술관에 전시돼 있다는 이설들이 인터넷에 떠돌아다니기도 했다.

111. ko.wikipedia.org/wiki/산화수

112. http://ko.wikipedia.org/wiki/%ED%8C%8C%EC%9D%B4_%EC%97%AD%EA%B2%B0%ED%95%A9

113. 에리히 캐스트너 저/문강선 역, 『날아가는 교실』, 사계절 (2001).

114. http://www.encyber.com/search_w/ctdetail.php?masterno=56906&contentno=56906

115. http://www.encyber.com/search_w/bsearch.php?gs=ws&q=%B5%BF%C0%FB%C6%F2%C7%FC&searchBy=&key=&searchgubun=bs&qr=%B5%BF%C0%FB%C6%F2%C7%FC

116. http://www.encyber.com/search_w/ctdetail.php?masterno=154186&contentno=154186

117. http://cafe.daum.net/kcdance/LpJu/1613

118. http://www.womennews.co.kr/news/43352

119. http://news.donga.com/3/all/20100108/25264002/1

120. http://ko.wikipedia.org/wiki/%EC%B4%89%EB%A7%A4

121. http://ko.wikipedia.org/wiki/%ED%99%9C%EC%84%B1%ED%99%94%EC%97%90%EB%84%88%EC%A7%80

122. http://mybox.happycampus.com/edc0626/3533981

123. http://www.encyber.com/search_w/ctdetail.php?masterno=121801&contentno=121801

124. http://ko.wikipedia.org/wiki/18_%EC%A0%84%EC%9E%90_%EA%B7%9C%EC%B9%99

125. J. R. Bowser, *Inorganic Chemistry* Chapter 18, Brooks/Cole Publishing Company (1993).

126. 헨리 나우웬, 『상처입은 치유자』, 두란노 (1999)

127. http://ko.wikipedia.org/wiki/%EC%97%90%EB%84%88%EC%A7%80

128. http://www.encyber.com/search_w/ctdetail.php?masterno=110480&contentno=110480

129. 김희준 외, 『생명의 화학, 삶의 화학』 8장 화학 열역학 p.304, 자유아카데미 (2009).

130. http://www.chosun.com/site/data/html_dir/2008/05/30/2008053000779.html

131. 김희준 외, 『생명의 화학, 삶의 화학』 8장 화학 열역학 p.324, 자유아카데미 (2009).

132. http://blog.daum.net/gleam0/7088406

133. J. R. Bowser, *Inorganic Chemistry* Chapter 6, Brooks/Cole Publishing Company (1933).

134. 모기 겐이치로, 『욕망의 연금술사, 뇌』 6장, 사계절 (2009).

135. http://web.pbc.co.kr/CMS/newspaper/view_body.php?cid=319607&path=200912

136. 민병도, 『내 안의 빈집』, 목언예원 (2008)

137. http://ko.wikipedia.org/wiki/%EC%97%94%ED%8A%B8%EB%A1%9C%ED%94%BC

138. http://ko.wikipedia.org/wiki/%EC%9E%90%EC%9C%A0_%EC%97%90%EB%84%88%EC%A7%80

139. 김희준 외, 『생명의 화학, 삶의 화학』 8장 화학 열역학 p.316, 자유아카데미 (2009).

140. J. R. Bowser, *Inorganic Chemistry* p.547, Brooks/Cole Publishing Company (1993).

141. http://www.worldlingo.com/ma/enwiki/ko/Dimercaprol : 킬레이트 해독제

142. http://www.worldlingo.com/ma/enwiki/ko/EDTA : 킬레이트 해독제

143. http://blog.chosun.com/armsol/4174681

144. http://blog.naver.com/twinstar430/150008918614

145. 제러미 리프킨 저/최현 역, 『엔트로피』, 범우사 (1999).

146. http://www.multivax.com/last_question.html : 최후의 질문 (1956)

147. http://www.chosun.com/site/data/html_dir/2009/11/04/2009110400291.html

148. http://www.womennews.co.kr/news/41645

| 찾아보기 |

ㄱ

가역 161, 163, 164, 167
겔만(Murray Gell-Mann) 14
격자에너지 219
결합전자쌍(bond pair) 82, 116, 117, 119, 120, 121
계면활성제 150, 151
고립전자쌍 82, 83, 116~121, 128, 129, 166, 200, 232
공유결합 80~86, 89, 108, 116, 128, 140, 150, 175
극성 85, 96, 150, 199
깁스의 자유에너지(Gibb's free energy, G) 231

ㄴ

나노폼(nanofoam) 57, 58
낫 모양 세포 적혈구 빈혈증(sickle-cell anemia) 164
네온 29, 32

ㄷ

다이아몬드 43, 51~55, 57

단원자분자 25, 29, 30
단일결합 166, 175, 176
닫힌 계 185, 211
답슨(G. M. B. Dobson) 67
대기권 67, 68, 71
대류권 65, 67, 68
데모크리토스 12
데이비스 G. 마이어스(Myers, David G.) 112
동소체(Allotropes) 51, 52, 54~58, 64, 65
동적 평형 185

ㄹ

라돈 29, 33
라이너스 폴링(Linus Pauling) 107
러더퍼드(Ernest Rutherford) 12, 13, 26
런던 분산력(London dispersion force) 95
레오나르도 다빈치(Leonardo da Vinci) 92, 172
로베르트 마이어(Julius Robert Meyer)

210
루이스 전자식 82
루이스(G. N. Lewis) 82, 140~142
르샤틀리에 원리 185, 186, 188, 189, 191, 195
리간드(ligand) 126, 128~130, 151, 152, 166, 172, 175, 176, 199~201, 232, 233
리처드 파인만(Richard P. Feynman) 11, 138, 148, 216

ㅁ

마이크로파(micro-wave) 39
메탄가스 106, 107
멘델레예프(Mendeleev, Dmitrii Ivanovich) 24, 26, 184, 228
멜라민 109, 110
모스경도계 53
모즐리(Henry Gwyn-Jeffreys Moseley) 26
무정형 52

ㅂ

바나듐 127, 128
바닥 상태 108
바스카 화합물(Vaska's compound) 200
박락 현상 92
박막 43
반데르발스 힘(van der Waals force) 95, 96
반발력 17, 81, 109, 117, 121
반응열 217~219
발열반응 212, 218, 230, 231
배위 128, 129, 163, 175, 198~201, 232
배위결합 83, 84, 86, 126, 128, 129, 151, 166, 172, 176, 198, 232, 233
밴앨런대(Van Allen Belt) 41
버크민스터 폴러(Buckminster Fuller) 54
버키볼(bucky ball) 55, 56
병진운동 208
보어 효과(Bohr effect) 162
보어(Niels Henrik David Bohr) 13
분압 160, 161
불연성 32, 33
뷔송(Henri Buisson) 67
브뢴스테드-로우리(Brönsted-Lowry) 140
비활성 기체 25, 29~33, 80, 199

ㅅ

사염화탄소 71, 95
산화상태 128
산화수(酸化數) 128, 149, 175, 176, 200
삼중수소 42
상(狀, phase) 91
상태함수 211, 212, 216, 217, 231
석면 110, 111

성층권 65~68, 70, 71
수소결합 96
수화(水化) 96, 139, 140, 149, 150
스몰리(Smalley) 박사 54
시드니 채프먼(Sydney Chapman) 65
18-전자규칙 199
쌍극성 이온 151

ㅇ

아레니우스(Svante August Arrhenius) 39
아르곤 29, 32, 73
아보가드로의 법칙 187
아이작 아지모프(Isaac Asimov) 235
아인슈타인(Albert Einstein) 10, 11, 102, 211
알브레히트 뒤러(Albrecht Durer) 103
알칼리금속 27
알칼리토금속 27
야누스의 얼굴 152
얀 반 에이크(Jan van Eyck) 92, 93
양쪽 자리성(ambidentate) 리간드 151, 152
양쪽성 계면활성제 150, 151
양쪽성(Amphoteric) 물질 149, 150, 152
에너지보존의 법칙 209~211
에멀션 92
엔트로피 94, 228~239
열에너지 43, 209, 211, 212

염화불화탄소(CFC) 71, 72
옌스 야코브 베르셀리우스 52
오로라 41
오비탈 102, 107, 108, 109, 129, 130, 176, 199
오존 52, 65~74
오존층 65~67, 70~73
오존파괴지수(ODP) 72, 73
옥텟 규칙 31, 82, 118, 140, 142
용매화 96
용액 90~92, 94, 96, 143, 151, 162, 198, 213
용해도 32, 92, 151
운동에너지 43, 208~210
원소(element) 25~27, 29~31, 50, 52, 80, 84, 85, 120, 127, 128, 150
원자 번호 15, 27
원자(atom) 11~16, 25~27, 29~31, 39, 40, 43, 44, 52, 53, 78, 81~85, 94, 102, 107~109, 113, 116~119, 128, 142, 150~152, 175, 176, 198, 199, 201, 208, 211, 219
원자단 78, 150
원자량 16, 26, 42
원자핵 12~17, 42, 81, 107
윌킨슨 촉매(Wilkinson's catalyst) 200
유기금속 화합물 198~201
유기화합물 81, 140

이너젠 73
이온결합 80, 84, 86, 88, 96
이온화 39, 40, 42, 149, 151
이원자분자 25, 29
이중결합 82, 118, 175, 176
이지마 수미오(飯島澄男) 56
일그러짐 현상 130
일산화탄소 166, 167, 171, 172, 174~177

ㅈ

자이스 염(Zeise's salt) 200
적혈구 68, 163, 164, 233
전기음성도(electronegativity) 84, 85
전리층 41, 42
전이원소 27, 127
전자쌍 반발 이론 115, 116
전형원소 27, 127
절연체 53
제논 29, 33
주기율표 26~29, 80, 120, 127, 142, 149, 150
줄(James Joule) 211
중성자 11~18, 20, 22, 23, 43
중수소 42
증착법 43
짝산-짝염기 140

ㅊ

착화합물 125, 128, 129, 176, 200
채드윅(James Chadwick) 13, 14
촉매 55, 128, 175~177, 197~201, 205
총열량 보존 법칙 218
츠바이크(George Zweig) 14
친수성기(親水性基, hydrophilic group) 150
친유성기(親油性基, lipophilic group) 150

ㅋ

쿼크 12, 14, 15, 17
크로뮴 127, 128, 152
크립톤 29, 32
킬레이트 효과 232

ㅌ

타이타늄 127, 128
탄소 나노튜브 56, 57
탈수소화효소(Dehydrogenase) 165
태양 복사에너지 209
탤크 110, 111
템페라(tempera) 기법 92
토카막(Tokamak) 42
톰슨(Thomson) 12

ㅍ

패브리(Charles Fabry) 67
펩타이드 결합 150
프레온 가스 71~73
플라즈마 39~49, 54
플러렌(fullerene) 50
피어슨(R. G. Pearson) 139, 142

ㅎ

하드-소프트 산-염기 이론(Hard-Soft Acid-Base Theory) 139
하전입자 41
할로겐족 27, 29
할론가스 72
해리(dissociation) 39, 66, 84, 96, 128, 139, 142, 161~164, 167, 231
해면조직 68
핵력(核力) 17
핵융합에너지 42, 43
헤모글로빈(hemoglobin) 39, 159, 161~164, 166, 167
헤스의 법칙 217~219
헬륨 29, 32, 42
헬름홀츠(Hermann Helmholtz) 210
헴(heme) 161, 163, 164
혼성 오비탈 107~109, 116, 117, 119~121
후프만(Huffman) 54
흑연 52~54, 56
흡열반응 212, 213, 217, 218, 230, 231

BAL(British Anti-Lewisite) 233
EAN 규칙 200
UV-A 66, 67
UV-B 66, 67
UV-C 66
X선 26, 164
π-받개 리간드(π-accepting ligand) 176
π-역결합(π-back bonding) 173, 176

화학에서 인생을 배우다

1판 1쇄 발행 2010년 9월 13일
1판25쇄 발행 2024년 6월 21일

지은이 황영애

발행인 김기중
주간 신선영
편집 백수연, 민성원
마케팅 김신정, 김보미
경영지원 홍운선

펴낸곳 도서출판 더숲
주소 서울시 마포구 동교로 43-1 (04018)
전화 02-3141-8301
팩스 02-3141-8303
이메일 info@theforestbook.co.kr

출판신고 2009년 3월 30일 제2009-000062호

ⓒ 황영애, 2010. Printed in Seoul, Korea

ISBN 978-89-94418-16-2 13430

※ 이 책은 도서출판 더숲이 저작권자와의 계약에 따라 발행한 것이므로
   본사의 서면 허락 없이는 어떤 형태나 수단으로도 이 책의 내용을 이용하지 못합니다.
※ 잘못된 책은 구입하신 곳에서 바꾸어 드립니다.
※ 책값은 뒤표지에 있습니다.
※ 독자 여러분의 원고투고를 기다리고 있습니다. 출판하고 싶은 원고가 있는 분은
   info@theforestbook.co.kr로 기획 의도와 간단한 개요를 연락처와 함께 보내주시기 바랍니다.